Sumaya Abed Ali
Rana Al- Shamari

Caracterização Molecular da Resistência aos Antibióticos P. aeruginosa

Sumaya Abed Ali
Rana Al- Shamari

Caracterização Molecular da Resistência aos Antibióticos P. aeruginosa

Isolado da cidade médica de Al-Sader na província de Al-Najaf

ScienciaScripts

Imprint

Any brand names and product names mentioned in this book are subject to trademark, brand or patent protection and are trademarks or registered trademarks of their respective holders. The use of brand names, product names, common names, trade names, product descriptions etc. even without a particular marking in this work is in no way to be construed to mean that such names may be regarded as unrestricted in respect of trademark and brand protection legislation and could thus be used by anyone.

Cover image: www.ingimage.com

This book is a translation from the original published under ISBN 978-620-7-48829-2.

Publisher:
Sciencia Scripts
is a trademark of
Dodo Books Indian Ocean Ltd. and OmniScriptum S.R.L publishing group

120 High Road, East Finchley, London, N2 9ED, United Kingdom
Str. Armeneasca 28/1, office 1, Chisinau MD-2012, Republic of Moldova, Europe
Printed at: see last page
ISBN: 978-620-7-62283-2

Caracterização molecular de *Pseudomonas aeruginosa* resistentes a antibióticos isoladas da cidade médica de Al-Sader na província de Al-Najaf

Por
Sumaya Najim Abed Ali

e

Dr. Rana Kadhim Al- Shamari

1

RECONHECIMENTO

No início, graças ao Grande Deus, Senhor de toda a criação, que me deu a fé, a vontade e a força para realizar este trabalho.

Os meus agradecimentos especiais, com todo o respeito e apreço, vão para a minha supervisora, a Dra. Rana kadhim, pelos seus conselhos e encorajamento ao longo deste estudo.

Gostaria de agradecer ao Departamento de Biotecnologia da Faculdade de Ciências da Universidade de Bagdade por me ter ajudado a realizar este projeto.

Gostaria de agradecer ao Departamento de Microbiologia da Faculdade de Medicina da Universidade de Kufa por ter fornecido a maior parte dos requisitos para este projeto.

Gostaria também de agradecer à Sra. Zainb Jaber Hadi, ao Sr. Samer Al-Hilali e a Hashim ali abed Al-amer do Departamento de Microbiologia da Faculdade de Medicina da Universidade de Kufa pelo seu apoio na realização deste trabalho.

Os meus agradecimentos aos trabalhadores da cidade médica de Al-Sader e do laboratório central de saúde pelo seu apoio e a todos os que me ajudaram a realizar este trabalho.

Índice

Lista de abreviaturas

Abbreviation	Key
aac	Aminoglycoside acetyltransferase
AmpC	Molecular class C β-lactamases
AST	Antibiotics susceptibility testing
*bla*gene	β-lactamases gene
bp	Base pair
CLSI	Clinical Laboratory Standards Institute
CTX-M	Cefotaximase, β-lactamase active on cefotaxime
D.W.	Distilled water
DNA	Deoxyribonucleic acid
EDTA	Ethylene diamine tetra acetic acid
ESBL	Extended-spectrum β–lactamase
GNB	Gram-negative bacteria
GN-ID	Gram negative-identification
IMP	Imipenemase, β-lactamase active on imipenem
ISCR	Insertion Sequence Common Region
KPC	*Klebsiellapneumoniae*-carbapenemase
LPS	Lipopolysaccharide
MBL	Metallo- β-lactamase
MDR	Multi-drug resistant
MIC	Minimum inhibitory concentration
OM	Outer membrane
OXA	Oxacillinases, β-lactamase active on oxacillin
PCR	Polymerase chain reaction
PDR	Pan-drug resistance
pH	Power of hydrogen (H+)
SHV	Sulfhydryl variable β-lactamase
TBE	Tris borate-EDTA buffer
TE	Tris-EDTA buffer
TEM	β-lactamase named after first patient isolated from Temoneira
Tris-OH	Tris-(Hydroxymethyl) methylamine
VIM	Verona integron-encoded metallo- β -lactamases
XDR	Extensive drug resistance
β-lactamase	Beta-lactamase

Resumo

A Pseudomonas aeruginosa é uma das principais causas de infecções nosocomiais; é altamente resistente a muitos antibióticos através de vários mecanismos diferentes. O principal objetivo deste estudo foi determinar a disseminação de (MDR) na Cidade Médica de Sader, na província de Al-Najaf.

Um total de 200 amostras clínicas e de ambiente hospitalar foram obtidas entre dezembro de 2013 e abril de 2014. Trinta e dois isolados foram identificados como *P. aeruginosa* pelo teste da oxidase e confirmados pelo sistema compacto VITEK-2 . O teste de suscetibilidade antipseudomonal foi efectuado utilizando o sistema VITEK-2 compact. Os isolados foram examinados quanto à presença de β-lactamases de espetro alargado (ESBLs), (OXA, CTX-M, TEM, SHV), carbapenemases de classe B (IMP, VIM) e de classe A (KPC), para além de *genes* de resistência aos aminoglicosídeos *(aac(3')-I, aac(6')-Ib, aac(6')-I)* por PCR.

Relativamente à suscetibilidade aos antibióticos, oito dos isolados eram pan-resistentes (PDR), dois dos isolados eram extensivamente resistentes (XDR) e três eram multirresistentes.

A maioria (20/32) dos *P. aeruginosa* foi positiva para bla_{OXA} . Além disso, dez isolados albergavam bla_{CTX-M} e sete isolados eram positivos por PCR para o gene da carbapenemase bla_{VIM} . O bla_{IMP} e o bla_{Kp} C não foram detectados. Todas as bactérias com o gene bla_{VIM} têm um fenótipo de resistência à PDR.

Quinze do total de isolados continham pelo menos um gene de resistência aos aminoglicosídeos. Os genes *aac(6')-I* e *aac(6')-Ib* foram as enzimas modificadoras de aminoglicosídeos mais frequentemente reconhecidas e o gene *aac(3')-I* não foi detectado.

Em conclusão, os isolados de *P. aeruginosa* que possuem genes de resistência a β-lactamases e aminoglicosídeos estão atualmente amplamente distribuídos na cidade médica de Al-Sader. O presente estudo concluiu que os isolados que contêm o gene *bla$_{VM}$* aumentam o risco de propagação de isolados de PDR nos hospitais. Por conseguinte, a adoção de políticas antibióticas prudentes poderia limitar a propagação destas bactérias.

Capítulo 1: Introdução e revisão da literatura

1.1. Introdução

A Pseudomonas aeruginosa é um bastonete Gram-negativo aeróbio. É amplamente proliferado na natureza e pode aclimatar-se em muitos ambientes; pode ser isolado de quase todas as fontes concebíveis dentro dos hospitais (Brooks *et al.,* 2007). É uma causa importante tanto de infecções adquiridas na comunidade como em hospitais. As infecções por esta bactéria têm sido associadas a uma elevada morbilidade e mortalidade, quando comparadas com outros agentes patogénicos bacterianos (Brusselaers *et al.,* 2001). Muitas vezes, estas infecções são difíceis de tratar devido à resistência natural da espécie, bem como à sua notável capacidade de adquirir outros mecanismos de resistência a múltiplos grupos de agentes antimicrobianos. *A P. aeruginosa* representa um fenómeno de resistência aos antibióticos e demonstra praticamente todos os mecanismos enzimáticos e mutacionais conhecidos de resistência bacteriana (Livermore, 2012). Muitas vezes, estes mecanismos existem em simultâneo, conferindo assim uma resistência combinada a muitas estirpes (McGowan, 2006). Consequentemente, o objetivo do estudo foi determinar a disseminação de (MDR) em isolados clínicos e inanimados obtidos da Cidade Médica de Al-Sader na província de Al-Najaf. Previa-se que uma aplicação melhorada fosse utilizada para uma melhor compreensão da ocorrência e dos mecanismos de resistência aos antibióticos em *P. aeruginosa,* podendo orientar as decisões de formulação e a escolha da terapia empírica para infecções nosocomiais em hospitais. Para este fim, foram realizados os seguintes objectivos:

1. Isolamento e identificação de *P. aeruginosa a* partir de amostras clínicas e ambientais hospitalares.

2. Investigar a ocorrência atual de perfis de suscetibilidade a antibióticos em isolados.

3. Deteção de alguns genes de resistência a antibióticos utilizando técnicas moleculares.

1.2. Revisão de Literaturas

1.2.1. *Pseudomonas aeruginosa*

A *Pseudomonas aeruginosa* foi isolada pela primeira vez em 1872 por Schoroeter a partir de diferentes fontes ambientais. Tem um genoma grande contendo 6,26 Mbp (codificando 5567 genes) em comparação com 4,64 Mbp (4279 genes) em *Escherichia coli* (Ratkai, 2011). A sequenciação do genoma completo de *P. aeruginosa* foi realizada por Stover *et al.* (2000). A palavra "aeruginosa" vem da palavra latina para "verdigris" ou "ferrugem de cobre", descrevendo o pigmento bacteriano azul-esverdeado observado em laboratório. *P. aeruginosa* é um bastonete Gram-negativo, mesófilo e aeróbico (medindo 0,5 a 0,8 μm por 1,5 a 3,0 μm) (Bergey "s manual of systematic

Estas bactérias encontram-se habitualmente no solo e na água, ocorrem regularmente na superfície das plantas e, ocasionalmente, na superfície dos animais. As pseudomonadas são mais patogénicas para as plantas do que para os animais, mas poucas espécies de pseudomonadas são patogénicas para os seres humanos. O seu sucesso ecológico como patogénico oportunista deve-se à sua tolerância a uma vasta gama de condições físicas, incluindo a temperatura.

A P. aeruginosa mostra uma preferência pelo crescimento em ambientes húmidos, como reflexo das suas origens no solo e na água. Os isolados de *P. aeruginosa* podem produzir três tipos de colónias. Os isolados naturais do solo ou da água produzem tipicamente uma colónia pequena e rugosa; as amostras clínicas, em geral, produzem um ou outro de dois tipos de colónias lisas, um tipo tem um aspeto de ovo frito que é grande, liso, com bordos planos e um aspeto elevado.

Outro tipo, frequentemente obtido a partir de secreções do trato respiratório e urinário, tem um aspeto mucoide, que é atribuído à produção de lodo de alginato. Presume-se que as colónias lisas e mucoides desempenham um papel na colonização e virulência (Todar, 2004). *A P. aeruginosa* produz vários tipos de pigmentos solúveis, dos quais a piocianina, que se refere ao azul-pus, que é uma caraterística das infecções supurativas, e a pioverdina (verde fluorescente). Estes dois pigmentos são os produtos mais comuns, outros pigmentos produzidos são a pirorubina (vermelho) e a piomelanina (preto) (Lambert, 2002).

1.2.1.1. Patogenicidade e Virulência de *P. aeruginosa*

A fixação e a colonização do tecido hospedeiro são consideradas como o início da doença causada pela *P. aeruginosa*. A aderência é mediada por pílulas na bactéria e uma cápsula de glicocálix reduz a eficácia dos mecanismos normais de depuração.

A P. aeruginosa tem a capacidade de produzir um grande número de toxinas e produtos extracelulares que promovem a invasão local e a disseminação do organismo *P. aeruginosa* causando doenças localizadas (queratite, otite externa ou ouvido de nadador; otite externa invasiva e necrosante, sépsis de feridas, meningite e abcessos cerebrais) e sistémicas (bacteriemia, endocardite). Praticamente qualquer tecido ou sistema de órgãos pode ser afetado. Os indivíduos com defesas imunitárias debilitadas correm um risco elevado de serem infectados (Harvey *et al., 2007*). *A P. aeruginosa* produz um vasto espetro de factores de virulência, alguns dos quais estão estreitamente relacionados com a potencial produção de doenças, incluindo: exotoxina A, fosfolipase, proteases, piocianina, Pilli, flagelos e lipopolissacárido (LPS) (Kaszab *et al.,* 2011). As características de adesão diferem de estirpe para estirpe e também a matriz de ligação utilizada, mas foram identificados quatro grupos principais de adesões que facilitam a ligação da *P. aeruginosa* aos tecidos do hospedeiro e à mucina (Klausen *et al.,* 2003). São eles o exopolissacárido mucoide (alginato), Pilli, lectinas de superfície e a proteína F da membrana externa (OM) que se liga à mucina. Muitos estudos esclareceram que os Pilli são necessários para a virulência da estirpe em vários locais de infeção, podendo também participar na citotoxicidade (Klausen *et al.,* 2003). A exotoxina S funciona como um amortecedor de adesão ao processo fagocítico, encontrando-se na superfície celular, onde interage com receptores de glicoesfingolípidos (Rnmbaugh *et al.,* 1999). Os flagelos são um fator de virulência muito importante, a sua ausência causa uma diminuição da virulência no animal experimental, devido ao seu papel no aumento da quimiotaxia e da motilidade durante a invasão dos tecidos e órgãos. O envelope da *P. aeruginosa*, tal como o de outras bactérias Gram-negativas, é composto por uma membrana unitária externa, uma camada de peptidoglicano e uma membrana citoplasmática interna (Brooks *et al.*, 2007). Na maioria dos casos, é composta por fosfolípidos com moléculas de proteínas intercaladas aleatoriamente. *A P. aeruginosa* pode produzir dois tipos quimicamente distintos de LPS, específicos do serótipo (banda B) e um antigénio comum (banda A) (Raoust *et al.*, 2009). A banda B de LPS é constituída por três unidades: o lípido A, o polissacárido do núcleo e a cadeia lateral O-específica final, que determina o serótipo O do microrganismo; também o LPS da banda A é antigenicamente uniforme (Bystrova *et al.*, 2004). A expressão relativa de LPS da banda A e da banda B em *P. aeruginosa* pode permitir a alteração da distinção da superfície para manter a vitalidade em condições extremas ou para evitar a resposta imunitária do hospedeiro (Pier, 2007). O polissacárido de alginato é hiperproduzido apenas por estirpes mucóides de *P. aeruginosa* e é composto por ácido D-manurónico ligado a 1,4 e ácido L-gulurónico, cuja proporção determina o grau de viscosidade do polímero e, por conseguinte, o aspeto físico da colónia mucoide (Price *et al.*, 2004). A maioria das estirpes segrega várias exoenzimas, que são muito activas fora da célula, algumas das quais são importantes factores de virulência para as bactérias (Brooks *et al.*, 2007). *A P. aeruginosa* produz várias substâncias que provocam a hemólise completa dos glóbulos vermelhos (β-hemólise) para absorver a hemoglobina e o ferro, a maioria das estirpes produz diferentes enzimas proteolíticas que são activas contra vários

substratos como a gelatina, a caseína, a elastina, o colagénio e a fibrina (Woods e Vasil, 1994). Quase algumas estirpes de *P. aeruginosa* podem produzir uma citotoxina ou leucocidina que está localizada no espaço periplasmático como uma forma inativa, mas é activada por proteases, incluindo uma elastase endógena (Pier, 1985). *A P. aeruginosa* excreta quelantes de ferro, como a pioquelina e o pigmento amarelo-verde fluorescente pioverdina, para obter ferro, um requisito essencial para o estabelecimento e manutenção da infeção bacteriana (Poole e McKay, 2003). Também é capaz de utilizar muitos sideróforos heterólogos de origem fúngica e bacteriana e, em conjunto, desempenham um papel fundamental no crescimento e virulência da espécie em condições limitadas de ferro (De *Voset al.*, 2001). A maioria das estirpes segrega o

A piocianina, durante várias doenças como a infeção pulmonar por fibrose cística, demonstrou interferir com uma variedade de processos celulares em células epiteliais pulmonares em cultura (*Lanotteet al.*, 2004).

1.2.1.2. Epidemiologia da *P. aeruginosa*

A Pseudomonas aeruginosa está amplamente distribuída no ambiente natural e pode adaptar-se a habitats que vão desde as águas superficiais até aos desinfectantes e aos humidificadores dos respiradores. Tem a capacidade de se multiplicar em água destilada, presumivelmente pela utilização de nutrientes gasosos dissolvidos, mas é raro ser isolada da água do mar (exceto de esgotos e estuários de rios poluídos) (Fonseca *et al.*, 2007). *A P.aeruginosa* coloniza invariavelmente em lavatórios, torneiras e esgotos nos hospitais. O local doméstico é raramente contaminado, onde o organismo pode residir em armadilhas de água (Slama *et al.*, 2011). Em indivíduos saudáveis, as taxas de transporte fecal variam entre 2% e 10%, a colonização fecal parece ser passageira em pessoas saudáveis e há uma rápida rotatividade de tipos de estirpes. *A P. aeruginosa* morre rapidamente na pele seca e saudável, mas em condições de super hidratação, como em mergulhadores submetidos a mergulhos de saturação de longa duração, a frequência de colonização da pele aumenta e é acompanhada de infecções, particularmente otite externa (Brooks *et al., 2007)*. A incidência de infecções adquiridas na comunidade em indivíduos saudáveis é relativamente baixa, apesar da aparente ubiquidade da *P. aeruginosa* no ambiente natural e do grande número de potenciais factores de virulência. A taxa de transporte salivar é semelhante em doentes hospitalizados e controlos normais (aproximadamente 5%), mas a colonização da pele em doentes com queimaduras pode atingir 80% no nono dia após a queimadura (Pirnay *et al., 2003)*. Em 2003, a *P. aeruginosa* foi considerada a bactéria Gram-negativa mais frequentemente isolada (18,1%) na pneumonia nosocomial e a segunda bactéria Gram-negativa mais frequentemente isolada (16,3%) na infeção nosocomial do trato urinário nos Estados Unidos (Tam *et al.,*2007). Estas fontes podem atuar como focos de disseminação do organismo em surtos de origem comum, normalmente devido a uma esterilização deficiente (Brooks *et al.*, 2007).

1.2.2. Antibióticos

As bactérias incluem um grande grupo de microrganismos unicelulares, procarióticos, alguns dos quais também são capazes de formar esporos (formas inactivas produzidas em condições execráveis, mas com o potencial de germinar ou reverter para a forma bacteriana celular e replicante num ambiente favorável). Algumas actividades bacterianas são benéficas para o homem, enquanto outras são prejudiciais, especialmente a capacidade de causar doenças (Russell e Chopra, 1990). É amplamente aceite que as bactérias, enquanto organismos vivos, surgiram há mais de 3,5 mil milhões de anos (Schopf e Packer, 1987). Como estes microrganismos eram obrigados a interagir uns com os outros e com outros organismos vivos, tornaram-se mais complexos e desenvolveram os meios bioquímicos para afetar a presença uns dos outros. Um destes desenvolvimentos foi o advento de vias bioquímicas para a produção de antibióticos que inibem o crescimento de um concorrente, ficando assim mais recursos disponíveis para o crescimento do organismo original (Walsh, 2003). Definitivamente, a capacidade de controlar as actividades deletérias das bactérias através da utilização de antibióticos é considerada como uma das mais importantes conquistas científicas do século passado. Os antibióticos (que significam "contra a vida") são moléculas que impedem os micróbios, tanto bactérias como fungos, de crescer ou matá-los completamente, Existem dois tipos de antibióticos: o primeiro tipo, que impede o crescimento das bactérias, é bacteriostático (cloranfenicol); o segundo tipo, que provoca a morte das células bacterianas, é bactericida (penicilinas e aminoglicosídeos) (Russell e Chopra, 1990). Alguns antibióticos podem apresentar uma atividade bactericida em determinadas circunstâncias e uma atividade bacteriostática noutras, quando os danos causados a uma ou mais vias ou estruturas celulares são suficientes para desencadear uma resposta bactericida líquida. Alguns agentes bactericidas são também esporicidas e vice-versa, mas os agentes bacteriostáticos são ineficazes contra esporos em repouso (Walsh, 2003). Os agentes antibióticos podem ser produtos naturais ou químicos sintéticos, concebidos para interromper a seletividade de um processo muito importante nas células microbianas. Interferem especificamente com os processos bioquímicos das bactérias e, por conseguinte, podem ser utilizados com segurança em hospedeiros mamíferos (Todar, 2004). Muitos dos antibióticos atualmente utilizados na clínica humana são produtos naturais, tanto as bactérias como os fungos produzem produtos antibióticos naturais, os *Streptomyces* são considerados os principais géneros de bactérias produtoras de antibióticos, os compostos antimicrobianos podem ser antibacterianos ou antifúngicos, mas alguns deles são eficazes tanto como antibacterianos como antifúngicos (quase não são agentes terapeuticamente úteis devido aos diferentes alvos moleculares e celulares e aos problemas de penetração nas células microbianas)

(Walsh, 2003). O início das infecções por uma bactéria patogénica em seres humanos e animais inclui normalmente os seguintes passos:

(a) Fixação às superfícies epiteliais do trato respiratório, alimentar ou urogenital.

(b) Penetração das superfícies epiteliais pelo agente patogénico.

(c) Interferência com, ou evasão de, mecanismos de defesa do hospedeiro.

(d) Multiplicação no ambiente dos tecidos do hospedeiro.

(e) Danos nos tecidos do hospedeiro.

Os antibióticos interrompem geralmente a etapa (d), quer matando o agente patogénico, quer abrandando o seu crescimento até ao ponto em que os mecanismos de defesa do hospedeiro podem reduzir a infeção (Russell e Chopra, 1990). Os esforços mundiais de sequenciação do genoma completaram aproximadamente 400 genomas bacterianos até à data (http://www.ncbi.nlm.nih.gov/genomes/lproks.cgi), o número de genes na maioria destes organismos varia entre 1000 e 5000 genes. Estima-se que apenas entre 20 e 200 genes são essenciais para a sobrevivência da maioria das bactérias (Fang *et al.*, 2005). Por conseguinte, as proteínas codificadas por estes genes são alvos potenciais para os antibióticos. Outros tipos de antibióticos interferem com os conjuntos destes produtos genéticos ou com componentes estruturais que resultam das suas acções, como a parede celular, o invólucro bacteriano ou o ribossoma. Os antibióticos conhecidos interferem com uma série de processos bioquímicos, nomeadamente: interferência nas vias metabólicas, perturbação da integridade da membrana citoplasmática, inibição da biossíntese de proteínas, inibição da biossíntese de ADN e ARN e perturbação da biossíntese da parede celular (Golemi-Kotra, 2003).

1.2.2.1 Classes de antibióticos mais importantes

A. β-Lactâmicos

Os antibióticos β-lactâmicos têm o nome do anel β-lactâmico presente na sua estrutura química. A estrutura básica dos β-lactâmicos é constituída por um anel de tiazolidina conhecido como anel β-lactâmico. Esta estrutura central é essencial para a sua atividade antibacteriana (Samaha-Kfoury e Araj, 2003). A inibição do crescimento bacteriano e a eventual morte celular devem-se à interferência com a parede celular, especificamente com a síntese de peptidoglicano. Este polímero é montado numa cadeia de actividades enzimáticas que envolve pelo menos 30 enzimas diferentes. (Chambers, 2005). Os antibióticos actuam interferindo com as enzimas responsáveis pela formação de uma ponte peptídica dentro destes polímeros. Uma vez que algumas destas enzimas são inibidas pelo β-lactâmico mais simples, ou seja, a penicilina, são erradamente designadas por proteínas de ligação à penicilina ou PBPs. Se os β-lactâmicos se ligarem a estas proteínas, inibem a sua função e a síntese de peptidoglicano pára, conduzindo à morte celular. A sua utilização é bastante segura no homem e isenta de efeitos secundários, uma vez que as células humanas não possuem a estrutura do peptidoglicano que estes antibióticos visam, pelo que a sua função é principalmente bactericida. Existem quatro grandes grupos de medicamentos que pertencem aos antibióticos β-lactâmicos (Chambers, 2005).

As penicilinas têm normalmente um papel limitado no tratamento das infecções por *Acinetobacter*. A ticarcilina e a piperacilina, os chamados "medicamentos anti-pseudomonas", especialmente em combinação com inibidores da β-lactamase (ticarcilina/ácido clavulânico e piperacilina/tazobactam), são activos contra determinadas estirpes. As cefalosporinas atualmente utilizadas são todas derivadas semi-sintéticas da molécula de cefalosporina C produzida pelo fungo *Acremonium* (Sykes 2000). A sua estrutura básica é um anel β-lactâmico

fundido com um anel de dihidrotiazina de seis membros contendo enxofre.

As cefalosporinas estão divididas em gerações com base nas suas propriedades antimicrobianas e, até certo ponto, no momento da sua descoberta (El-Shaboury, et al. 2007). Sabe-se que, desde a primeira até à quarta geração, o espetro das cefalosporinas se desviou para as células Gram-negativas, com uma atividade ligeiramente decrescente contra os organismos Gram-positivos. Os fármacos recentes, de quinta geração, são activos contra o MRSA devido à sua maior afinidade para as PBP. (Os carbapenemes, embora continuem a conter o anel β-lactâmico que define o grupo e tenham um modo de ação semelhante, diferem do resto do grupo na sua estrutura e nas cadeias laterais, ligando-se com grande afinidade à maioria das PBP de elevado peso molecular, tanto de bactérias Gram-positivas como Gram-negativas (Chambers, 2005). Os carbapenemes podem atravessar a barreira da membrana externa bacteriana através da OprD, em vez da OmpC ou da OmpF, utilizadas sobretudo pelas cefalosporinas ou penicilinas. Estas características únicas explicam a vasta gama antibacteriana dos carbapenemes e a ausência de resistência cruzada com outros membros do grupo dos β-lactâmicos. Estas características fazem deles o fármaco preferido para o tratamento de bactérias Gramnegativas graves e potencialmente fatais. No entanto, nem todos os carbapenemes são igualmente eficazes, enquanto o imipenem e o meropenem (ou seja, carbapenemes do grupo 2) são activos em isolados susceptíveis, a espécie, semelhante à maioria dos não fermentadores, tem uma resistência natural ao ertapenem (ou seja, um carbapenem do grupo 1). Os monobactâmicos são eficazes apenas contra bactérias aeróbias Gram-negativas e o aztreonam é o único medicamento atualmente disponível no mercado (Chambers, 2005).

B- Aminoglicosídeos

Os antibióticos aminoglicosídeos são moléculas contendo hidratos de carbono com carga positiva que provaram ser fundamentais no tratamento de doenças infecciosas desde a sua descoberta em meados da década de 1940. Os aminoglicosídeos são utilizados no tratamento de infecções causadas tanto por bactérias Gram-positivas como Gram-negativas e, além disso, por alguns protozoários (Edson e Terrell, 1999). Estes antibióticos são produtos naturais, derivados de produtores bacterianos (Wax *et al.*, 2008). A estreptomicina foi o primeiro aminoglicosídeo identificado e caracterizado pelo laboratório de Waksman a partir da bactéria do solo *Streptomyces griseus* em 1944 (Schatz e Waksman, 1944; Martinez-Martinez *et al.*, 1998). Vários anos mais tarde, foram caracterizados outros aminoglicosídeos a partir de outras espécies de *Streptomyces*: a neomicina e a canamicina em 1949 e 1957, respetivamente. Na década de 1960, a gentamicina foi recuperada do actinomiceto *Micromonos porapurpurea*. *Uma* vez que a maioria dos aminoglicosídeos foi isolada de *Streptomyces* ou *Micromonos spora*, foi criado um sistema de nomenclatura com base na sua origem (Begg e Barclay, 1995; Davies e Wright, 1997). Os aminoglicosídeos são uma família complexa de compostos e a classificação pode basear-se na estrutura química. Existem diferentes classes estruturais de aminoglicosídeos, caracterizadas por terem um núcleo de aminociclitol [estreptamina, 2 desoxistreptamina (DOS) ou estreptidina] ligado a açúcares aminados através de ligações glicosídicas (Ramirez e Tolmasky, 2010). Existem duas classes principais de aminoglicosídeos: a classe da estreptomicina (I) e a classe da 2-desoxistreptamina (II). A classe das desoxistreptaminas tem o núcleo aminociclitol da estreptamina colocado no centro da molécula, uma estrutura de 2-desoxistreptamina (2-DOS) não açucarada ligada a substituintes de açúcar aminado nas posições 4, 5 e 6 (Hermann, 2005).

Os compostos 2-DOS 4,5-dissubstituídos incluem a neomicina B, os derivados 2-DOS 4,6-dissubstituídos, o maior grupo, contém vários antibióticos que são clinicamente importantes para o tratamento de infecções graves por Gramnegativos (gentamicina, tobramicina, amicacina) e a terceira classe de compostos 2-DOS 4-monosubstituídos é representada pela apramicina, um aminoglicosídeo que é utilizado apenas para fins veterinários (Hermann, 2007). Os aminoglicosídeos destes três grupos, os derivados 2-DOS 4, 5- e 4, 6-dissubstituídos e os compostos 2-DOS 4-monossubstituídos (apramicina), partilham em comum um local-alvo no centro de descodificação (local A) do ARN ribossómico 16S bacteriano (rRNA) (Hermann, 2005).

C- Quinolonas

Alguns dos primeiros antibióticos descobertos durante o século passado foram isolados de organismos vivos, a classe das quinolonas de agentes antimicrobianos foi sintetizada por químicos (Andriole. 2005). O ácido nalidíxico foi descoberto acidentalmente em 1962 como um subproduto da síntese do composto antimalárico cloroquina. A atividade antimicrobiana das primeiras quinolonas (as quinolonas de primeira geração), como o ácido nalidíxico e a cinoxacina, era excelente contra bactérias Gram-negativas aeróbias, mas pouco ativa contra bactérias Gram-positivas aeróbias ou bactérias anaeróbias (Andriole. 2005). As quinolonas de segunda geração, incluindo a norfloxacina, a ciprofloxacina, a ofloxacina, a levofloxacina, a lomefloxacina e a pefloxacina, têm atividade antimicrobiana contra bactérias Grampositivas e Gram-negativas aeróbias, mas continuam a não ter atividade contra bactérias anaeróbias. A adição de flúor na posição C-6 resultou na inovação das "fluoroquinolonas", sendo a norfloxacina a primeira fluoroquinolona a ser descoberta. As fluoroquinolonas mais recentes (a terceira geração de fluoroquinolonas), incluindo a grepafloxacina, a gatifloxacina, a esparfloxacina e a temafloxacina, tinham uma maior potência contra as bactérias Grampositivas, em especial os pneumococos; tinham também uma boa atividade contra as bactérias anaeróbias. O último grupo de compostos de quinolonas (trovafloxacina, clinafloxacina, sitafloxacina, moxifloxacina e gemifloxacina) foi designado por "fluoroquinolonas de quarta geração" e tinha uma atividade eficaz contra os anaeróbios e uma melhor atividade contra os pneumococos, classificação dos antimicrobianos de quinolonas (adoptada de Andriole. 2005). Ácido nalidíxico de primeira geração, Norfloxacina de segunda geração, ciprofloxacina (agente mais potente contra *Pseudomonas aeruginosa),* ofloxacina, levofloxacina, esparfloxacina de terceira geração, gatifloxacina, grepafloxacina, trovafloxacina de quarta geração, moxifloxacina, gemifloxacina. Cada bactéria contém um cromossoma com 1300 mm de comprimento, mas a bactéria média tem apenas 2 mm de comprimento e 1 mm de largura, pelo que as bactérias têm de lidar com este problema topológico (Nordmann e Poirel. 2002). Por isso, o cromossoma está subdividido em ~65 regiões, que são chamadas "domínios", cada um dos quais com ~20 mm de comprimento, e o tamanho de cada domínio é reduzido por supertorção negativa (ou seja, supertorção que ocorre contra a direção normal do estado helicoidal do ADN na sua forma linear). Foram identificadas várias topoisomerases de ADN em bactérias, todas elas capazes de cortar uma ou ambas as cadeias de um ADN circular de cadeia dupla, introduzir ou remover superbobinas negativas e, em seguida, selar o ADN cortado (Nordmann e Poirel. 2002). A introdução e a remoção dessas bobinas são vitais para a replicação, a transcrição, a recombinação e a reparação do ADN. As quinolonas actuam inibindo a ação das topoisomerases II (DNA girase) e da topoisomerase IV. Nas bactérias Gram-negativas, o alvo principal das quinolonas é a DNA girase, enquanto nas Gram-positivas é a topoisomerase IV (Andriole. 2005). As quinolonas actuam através da ligação ao complexo de gyrase/topoisomerase IV-DNA. Formação do complexo quinolona-girase/topoisomerase IV-DNA

O complexo quinolona-girase-ADN é responsável pela inibição da replicação do ADN e pela ação bacteriostática das quinolonas, ao passo que se pensa que a sua ação letal é um acontecimento distinto da formação do complexo e que resulta da recaída de extremidades de ADN livres dos complexos quinolona-girase-ADN (Nordmann e Poirel. 2005). Os resultados bem sucedidos do tratamento de infecções bacterianas com quinolonas levaram a uma utilização crescente e a utilização extensiva de fluoroquinolonas, por sua vez, levou a uma resistência crescente a estes antimicrobianos (Hooper, 1999). Foram registadas taxas elevadas de resistência às quinolonas em diferentes partes do mundo. Na China, por exemplo, mais de 50% das estirpes clínicas de *E. coli* isoladas durante 1997-1999 eram resistentes à ciprofloxacina (Wang *et al.* 2011). Na Noruega, as taxas de resistência às quinolonas são um pouco mais baixas, a prevalência de resistência ao ácido nalidíxico para isolados clínicos de *E. coli* do trato urinário e da corrente sanguínea foi de 5,4% e 9,3%, respetivamente, enquanto foi de 13,1% para isolados clínicos de *Klebsiella* spp. da corrente sanguínea. A resistência às quinolonas resulta geralmente de mutações cromossómicas por etapas (Ruiz. 2003). Até à data, foram estabelecidos três mecanismos de resistência às quinolonas mediada pelos cromossomas: alterações nos alvos das quinolonas e diminuição da acumulação de quinolonas devido à impermeabilidade da membrana ou devido a uma expressão excessiva dos sistemas de bombas de efluxo. As alterações dos alvos situam-se predominantemente na região determinante da resistência às quinolonas (QRDR), uma porção da superfície de ligação ao ADN da topoisomerase na qual as substituições de aminoácidos podem diminuir a ligação às quinolonas e, subsequentemente, causar resistência às quinolonas (Ruiz, 2003). Foi descoberta a resistência às quinolonas mediada por plasmídeos (PMQR). Esta resistência inclui a produção de proteínas Qnr que protegem os alvos contra os efeitos das quinolonas, a inativação enzimática de determinadas quinolonas (Robicsek *et al.*, 2006) e uma bomba de efluxo codificada pelo gene *qepA* (Yamane *et al.* 2007).

1.2.2.2. Resistência antimicrobiana de *P. aeruginosa*

A Pseudomonas aeruginosa é um agente patogénico humano oportunista caracterizado por uma resistência inata a múltiplos agentes antimicrobianos (Poole, 2001). É um dos agentes patogénicos Gram-negativos mais comuns associados a infecções nosocomiais, sendo frequentemente uma bactéria que ameaça a vida, uma vez que as doenças por ela causadas são difíceis de tratar devido à sua resistência intrínseca a uma vasta gama de agentes antimicrobianos e à sua capacidade de adquirir resistência adaptativa durante um curso terapêutico (Bukharie e Mowafi, 2010). A *P. aeruginosa*, em comparação com as *Enterobacteriaceae,* é relativamente resistente a muitos antibióticos. Por outro lado, o programa Korean Nation Wide Surveillance of Antimicrobial Resistance (KONSAR), realizado entre 1998 e 2003, mostrou que *a P. aeruginosa* ocupava a posição 3rd pelo número de isolados, e a taxa pode aumentar em 2004 (Lee *etal.*,2005Strateva e Yordanov (2009) provaram que *a P. aeruginosa* é responsável por 10-15% das infecções nosocomiais em todo o mundo; na sua maioria, estas infecções são difíceis de tratar devido à resistência natural da espécie, bem como à sua excecional capacidade de adquirir outros mecanismos de resistência a múltiplos grupos de agentes antimicrobianos. *A P. aeruginosa* é intrinsecamente resistente a vários agentes antimicrobianos estruturalmente não relacionados devido à baixa permeabilidade da membrana externa (1/100 da permeabilidade da membrana externa da *E. coli*), à expressão constitutiva de bombas de efluxo diferentes com uma ampla especificidade de substrato (Livermore, 2001). Pode adquirir genes de resistência adicionais de outros organismos através de plasmídeos, transposões e bacteriófagos (Lambert, 2002), e a β-lactamase AmpC cromossómica que ocorre naturalmente (*Nordmannet al.,* 2011). A resistência natural da espécie está relacionada com os seguintes β-lactâmicos: penicilina G;

aminopenicilinas, incluindo as combinadas com inibidores da β-lactamase; 1st e 2nd cefalosporinas de geração. *A P. aeruginosa* adquire facilmente mecanismos de resistência adicionais, o que conduz a graves problemas terapêuticos (Strateva e Yordanov, 2009). As estirpes possuem muitos mecanismos para resistir a vários grupos de aminoglicosídeos (ex.

amicacina, tobramicina e gentamicina) são conhecidas: modificação enzimática (major), baixa permeabilidade da membrana externa, efluxo ativo e, raramente, modificação do alvo (Poole, 2011). *Giamarellos-Bourbouliset al.* (2000) indicam que a *P. aeruginosa é* MDR quando definem a sua resistência a todos os antibióticos potencialmente activos, cefalosporinas de terceira geração, carbapenemes, penicilinas antipseudomonas, aminoglicosídeos, monobactâmicos e quinolonas. Jones *et al.* (2004) descreveram *P. aeruginosa* MDR porque os isolados resistem apenas a carbapenem (imipenem ou meropenem). Belal (2010) descobriu que 34 das 37 *P. aeruginosa* isoladas de espécimes clínicos em dois hospitais em Najaf eram resistentes a mais de três antipseudomonas. *A P. aeruginosa* pode resistir à fluoroquinolona através de dois mecanismos principais: alterações estruturais nas enzimas alvo e efluxo ativo (Strateva e Yordanov, 2009). Confere resistência às fluoroquinolonas, à tetraciclina, ao cloranfenicol, à eritromicina e ao brometo de etídio. A resistência de alto nível às fluoroquinolonas em *P. aeruginosa* é atribuível à interação entre os sistemas de bombas de efluxo e as mutações dos genes que codificam a DNA girase e a topoisomerase (Thomas, 2007). Estas mutações ocorrem frequentemente em bactérias Gram-negativas e a resistência aos antibióticos β-lactâmicos, aminoglicosídeos, cloranfenicol e tetraciclina pode ser parcialmente atribuída à diminuição da absorção (Hancock *et al.*, 1990; Strateva e Yordanov, 2009). Um dos principais problemas na infeção por *P. aeruginosa* pode ser o facto de este agente patogénico apresentar um elevado grau de resistência a um amplo espetro de antibióticos. *A P. aeruginosa* representa um fenómeno de resistência aos antibióticos e demonstra praticamente todos os mecanismos enzimáticos e mutacionais conhecidos de resistência bacteriana (Pechere e Kohler, 1999).

A resistência adquirida é uma consequência de alterações mutacionais ou da aquisição de mecanismos de resistência através da transferência horizontal de genes e pode ocorrer durante a quimioterapia. Os eventos mutacionais podem levar à sobreexpressão de β-lactamases endógenas ou de bombas de efluxo, à diminuição da expressão de porinas específicas e a modificações do sítio alvo, enquanto a aquisição de genes de resistência se refere principalmente a β-lactamases transferíveis e a enzimas modificadoras de aminoglicosídeos (Poole, 2011).

A resistência aos antibióticos β-lactâmicos é multifatorial, mas é mediada principalmente por enzimas inactivadoras denominadas β-lactamases. Estas enzimas clivam a ligação amida do anel β-lactâmico causando a inativação do antibiótico e são classificadas de acordo com uma classificação estrutural (Ambler, 1980) e uma classificação funcional (Bush *et al.*, 1995).

A resistência aos β-lactâmicos em isolados clínicos deve-se

geralmente à presença de β-lactamases AmpC (Xavier *et al.*, 2010). Além disso, vários antibióticos β-lactâmicos, como as penicilinas benzílicas, as cefalosporinas de espetro estreito e o imipenem, podem induzir a produção de AmpC β-lactamases em *P. aeruginosa* (Dunne e Hardin, 2005). De facto, esta depressão mutacional é um dos mecanismos mais comuns de resistência aos β-lactâmicos em *P. aeruginosa* (Arora, 2005; Xavier *et al.*, 2010). As enzimas AmpC não são carbapenemases, possuindo, no entanto, um baixo potencial de hidrólise de carbapenemes e está provado que a sua sobreprodução, combinada com a sobreexpressão de bombas de efluxo e/ou a diminuição da permeabilidade da membrana externa, conduz também à resistência aos carbapenemes em *P. aeruginosa* (Quale *et al.*, 2006).

As β-lactamases adquiridas são tipicamente codificadas por genes, que estão localizados em elementos genéticos transferíveis, tais como plasmídeos ou transposões (Giedraitiene *et al.*, 2011), frequentemente em integrões (*Kotsakiset al.*, 2010). Outros elementos genéticos associados à resistência transferível em *P.*

aeruginosa são as sequências de inserção móveis de resistência a cassetes, denominadas elementos ISCR (*Picaoet al.*, 2009; *Kotsakiset al.*, 2010).

As carbapenemases são de grande importância clínica porque inactivam os carbapenemes juntamente com outros β-lactâmicos. As ESBLs da classe A de Ambler hidrolisam penicilinas, cefalosporinas de espetro estreito e largo e Aztreonam (Paterson e Bonomo, 2005). Algumas ESBLs TEM e SHV não possuem atividade de cefalosporinase de largo espetro e são designadas β-lactamases de espetro restrito. As β-lactamases OXA da classe D são um grupo heterogéneo de enzimas e nem todas partilham as mesmas propriedades. De um modo geral, a maior parte delas mostra uma preferência pela cloxacilina em relação à benzilpenicilina. Conferem resistência às amino- e carboxipenicilinas e às cefalosporinas de espetro estreito, embora algumas delas sejam ESBL e alguns membros da classe apresentem atividade de carbapenemase (Poole, 2011).

A P. aeruginosa é a espécie na qual foram detectados todos os tipos de carbapenemases transferíveis, exceto a SIM-1 (Lee *et al.*, 2005a). As carbapenemases de classe B, que contêm Zn^2 + no seu centro ativo (*Sachaet al.*, 2008), são as mais frequentes em todo o mundo nos isolados de *P. aeruginosa e* são designadas metalo-β-lactamases (MBLs). Estas hidrolisam *in vitro* todos os β-lactâmicos, exceto o aztreonam, e são a principal causa da resistência de alto nível aos carbapenemes. Os genes que codificam MBLs encontram-se normalmente como cassetes de genes em integrões e são transferíveis (Walsh *et al.*, 2005). Curiosamente, mais genes de resistência para outras classes de antibióticos podem estar presentes nos mesmos integrões, contribuindo assim para o desenvolvimento do fenótipo (MDR) (*Poirelet al.*, 2010). Os isolados de *P. aeruginosa* produtores de carbapenemase de *Klebsiella pneumoniae* (KPC) têm sido objeto de um número limitado de relatos em todo o mundo. As KPC apresentam taxas elevadas de hidrólise de carbapenemes e inactivam todos os outros β-lactâmicos, incluindo o aztreonam (Azimi *et al*, 2012; Resol, 2015).

Entre os vários sistemas de efluxo da *P. aeruginosa, o* MexAB-

OprM, o MexXY-OprM e o Mex CD-OprJ desempenham um papel importante no desenvolvimento da resistência aos β-lactâmicos (Poole, 2004). A MexAB-OprM acomoda a gama mais ampla de β-lactâmicos, é de longe o melhor exportador de meropenem (Poole, 2011) e está mais frequentemente relacionada com a resistência aos β-lactâmicos em isolados clínicos de *P. aeruginosa* (*Drissiet al.*, 2008; Tomas *et al.*, 2010). As bombas de efluxo podem estar sobre-expressas em alguns isolados, contribuindo assim, juntamente com outros mecanismos, para o desenvolvimento de MDR (Poole, 2011).

A OprD é uma porina específica da membrana externa da *P. aeruginosa* através da qual os carbapenemes (principalmente o imipenem) entram no espaço periplasmático (Farra *et al.*, 2008). A expressão diminuída (Gutiérrez *et al.*, 2007) ou a perda mutacional (Horii *et al.*, 2003) desta porina é o mecanismo mais comum de resistência aos carbapenemes (Wang *et al.*, 2010), e está frequentemente associada a bombas de efluxo e/ou à sobre-expressão de AmpC (Quale *et al.*, 2006; Xavier *et al.*, 2010). A diminuição da expressão ou a perda da porina OprD é um fenómeno frequente durante o tratamento com imipenem (*Carmeliet al.*, 1999).

A resistência de alto nível às fluoroquinolonas é mediada por modificações do sítio alvo. O efluxo também desempenha um papel importante (Jacoby, 2005; *Drlicaet al.*, 2009) e os dois mecanismos coexistem frequentemente (*Rejibaet al.*, 2008). A girase e a topoisomerase IV são compostas por duas subunidades cada. A DNA girase (GyrA e GyrB) é o principal alvo das fluoroquinolonas em *P. aeruginosa*. Consequentemente, as mutações são mais comuns para esta enzima do que para a topoisomerase IV (ParC e ParE) (Higgins *et al.*, 2003; Muramatsu *et al.*, 2005). Os isolados altamente resistentes apresentam mutações múltiplas em *gyrA* e/ou *parC* (Lee *et al.*, 2005b), enquanto as mutações relativas às outras subunidades são menos frequentes (Schwartz *et al.*, 2006; *Rejibaet al.*, 2008). Quatro bombas de efluxo contribuem para a resistência às fluoroquinolonas: MexAB-OprM, MexCD-OprJ, MexEF-OprN e MexXY-OprM (Poole, 2000), devido a eventos mutacionais nos seus genes repressores (Poole, 2011). Entre estes, MexAB-OprM, MexCD-OprJ e MexEF-OprN foram associados à resistência às fluoroquinolonas em isolados clínicos (Reinhardt *et al.*, 2007), enquanto MexXY-OprM só raramente foi associado a este tipo de resistência (Wolter *et al.*, 2004).

A resistência aos aminoglicosídeos ocorre por modificação enzimática, impermeabilidade, atividade de bombas de efluxo (MexXY-OprM), sistema PhoP- PhoQ, formação de biofilme dependente de ndvB e atividade de 16s rRNA metilases. Entre estes mecanismos, a inativação de fármacos por enzimas modificadoras codificadas por plasmídeos ou cromossomas é a mais comum. Estas enzimas modificadoras incluem a aminoglicosídeo fosforil transferase (aph), a aminoglicosídeo acetiltransferase (aac) e a aminoglicosídeo nucleotidil transferase (ant). Quatro dessas enzimas, codificadas por *aac (6')-I, aac (6')-II, ant (2")-I e aph (3')-VI,* são de particular importância porque estão entre as enzimas modificadoras mais comuns presentes em *P. aeruginosa,* e os seus substratos são os aminoglicosídeos antipseudomoniais mais importantes. *aac (6')-I* confere resistência à tobramicina e à amicacina, *aac (6')-II e ant (2")-I* inactivam a tobramicina e a gentamicina, e a amicacina é o substrato de *aph (3')-VI.* (Vaziri *et al,* 2011).

Capítulo 2: Materiais e métodos

2. Materiais e métodos

2.1. Materiais

2.1.1. Instrumentos e equipamentos

Type of equipment	Manufacturing company (Origin)
Autoclave	Hiclave- Hirayama (Japan)
Bench centrifuge	Hettich (Germany)
Compound light microscope	Olympus (Japan)
Distillator (Water distiller)	GFL (Germany)
Digital camera	Sony (Japan)
Electric oven	Memmert (Germany)
Electrophoresis unit	Biometra (Germany)
Gel documentation system	Biometra (Germany)
High speed cold centrifuge	Hettich(Germany)
Incubator	Memmert(Germany)
Magnetic stirrer	Labtech (Germany)
Micropipette set (1-1000µl)	Eppendorf (Germany)
Minispin centrifuge	Eppendorf (Germany)
Petridish (15 and 9 cm)	China
PCR system GeneAmp	(Singapore)
PCR system (3 in 1)	Biometra (Germany)
pH-meter	LKB (Sweden)
Thermo shaker	Eppendorf (Germany)
Standard loop 0.01 ml	Himedia (India)
Sensitive balance	Memmert(Germany)
VITEK 2 system	BioMerieux(France)
Vortex	IKA

2.1.2. Materiais biológicos e químicos

Materials	Manufacturing company
Agar-agar	Himedia (India)
Agarose	Promega (USA)
Boric acid	Fischer (USA)
DNA loading buffer	Promega
Ethylene diamine tetra-acetic acid (EDTA)	AppliChem (Germany)
Ethidium bromide	Promega (USA)
Ethanol (96%)	Fluka
Glycerol ($C_3H_8O_3$)	Fluka
Gram stain	Himedia(India)
Molecular grad water	Promega(USA)
Sodium chloride (NaCl)	BDH
Tetramethyl p-phenyl diaminedihydrochloride	BDH
Tris-(Hydroxymethyl) methylamine $NH_2.(CH_2OH)_3$ (Tris-OH)	Promega
Tris- EDTA (TE) buffer molecular grad	Promega (USA)
Tris-borate-EDTA buffer (TBE buffer)	Promega(USA)
Trypton	Oxoid (UK)

2.1.3. Meios de cultura (pós)

Medium	Manufacturer (Origin)
Brain heart infusion broth	Himedia (India)
Blood base agar	Himedia (India)
CHROMagar™ Pseudomonas	ChroMOagar (France)
MacConkey agar	Himedia(India)
Nutrient broth	Himedia(India)

Nutrient agar	Himedia(India)
Yeast extracts	Himedia(India)

2.1.4. Antibióticos

Class	Subclass	Antibiotic	Symbol	Concentration(µg)					
Penicillins	Ureidopenicillin	Piperacillin	PIP	4	16	32	64		
		Ticarcillin	TIC	16	32	64			
βLactams/ lactamase inhibitor combinations		Piperacillin/ tazobactam	TZP	2/4	8/4	24/4	32/4	32/8	48/8
		Ticarcillin-Clavulanat	TCC	8/2	32/2	64/2			
Cephems	Cephalosporin III	Ceftazidime	CAZ	1	2	8	32		
	Cephalosporin IV	Cefepime	FEP	2	8	16	32		
Penems	Carbapeneme	Imipenem	IPM	1	2	6	12		
		Meropenem	MEM	0.5	2	6	12		
Aminoglycosides		Amikacin	AN	8	16	64			
		Gentamicin	GM	4	16	32			
		Tobramycin	TM	8	16	64			
Quinolones	Fluoroquinolones	Ciprofloxacin	CIP	0.5	2	4			
Tetracyclines		Monocycline	MON	2	4	8			
Folate pathway inhibitors		Trimethoprim/ Sulfamethoxazole	SXT	1/19	4/76	16/304			

2.1.5. Kits de diagnóstico

Kit type	Manufacturer (Origin)
VITEK2 system(GN)	BioMerieux (France)
VITEK2 system(AST)	BioMerieux (France)

2.1.6. Materiais para a reação em cadeia da polimerase

2.1.6.1. Mistura principal

Type	Description	Origin
KAPA Taq Ready mix DNA Polymerase	2X Ready Mix containing KapaTaq DNA Polymerase ($0.05U/\mu l$,$1.25U$ per $25\mu l$), Reaction Buffer with Mg^{2+} And 0.4 mM each dNTP, with loading dye	KAPA

2.1.6.3. Escada de ADN de peso molecular

DNAmarker	Description	Origin
100 bp Ladder with Loading dye	100-1500 base pairs (bp). The ladder consists of 11 double strand DNA fragment ladder with size of 100, 200, 300, 400, 500, 600, 700, 800, 900, 1000, 1500 bp. The 500bp present at triple the intensity of other fragments and serve as a reference. All other fragments appear with equal intensity on gel	QIgen

2.1.6.4. Primários

β-lactamase type		Primer	Gene Name	Oligo sequence	Product size (bp)	References	Company
ESBL		CTX-M	bla_{CTX-M}	F:5'-SCSATGTGCAGYACCAGTAA-3' R:5'-CCGCRATATGRTTGGTGGTG-3'	554	Woodford etal., 2006	Biocorp Canada
		TEM	bla_{TEM}	F:5'-ATGAGTATTCAACATTTCCG-3' R:5'-CTGACAGTTACCAATGCTTA-3'	867	Rasheed JK.et al.,1997	Biocorp Canada
		SHV	bla_{SHV}	F:5'-GGGTTATTCTTATTTGTCGC-3' R:5'-TTAGCGTTGCCAGTGGTC-3'	930	Rasheed JK.et al.,1997	Biocorp Canada
		OXA	bla_{OXA}	F:5'-GGCACCAGATTCAACTTTCAAG-3' R:5'-GACCCCAAGTTTCCTGTAAGTG-3'	564	Dallenne C. et al., 2010	Biocorp Canada
Carbapenemases	Class B	IMP	bla_{IMP}	F:5'-CGGCCKCAGGAGMGKCTTT-3' R:5'-AACCAGTTTTGCYTTACYA-3'	139	Yin et al., 2008	Bioner
		VIM	bla_{VIM}	F:5'-ATTCCGGTCGGRGAGGTCCG-3' R:5'-GAGCAAGTCTAGACCGCCCG-3'	390	Yin et al., 2008	Bioner
	ClassA	KPC	bla_{KPC}	F:5'-ATGTCACTGTATCGCCGTCT-3' R:5'-TTTTCAGAGCCTTACTGCCC-3'	893	Schechner et al.,2009	Biocorp Canada

Aminoglycoside N-acetyltransferase (AAC)	aac(3')-I	$aac(3')-I$	F:5'-AGC CCG CAT GGA TTT GA-3' R:5'- GGC ATA CGG GAA GAA GT-3'	117	Kim et al., 2008a	Biocorp Canada
	aac(6')-I	$aac(6')-I$	F:5'-CGC GCG GAT CCC ACA CTG CGC CTC ATG A-3' R:5'-GAC GGG TCG TTT GAA TTC TGG TG-3'	400	Kim et al., 2008a	Biocorp Canada
	aac(6')-Ib	$aac(6')-Ib$	F:5'-TTGCGATGCTCTATGAGTGGCTA-3' R:5'-CTCGAATGCCTGGCGTGTTT -3	482	Park CH et al., 2006	Biocorp Canada

2.2. Métodos

2.2.4. Preparação do reagente de oxidase

Este reagente foi preparado de fresco num frasco escuro, dissolvendo 0,1 g de dicloridrato de *tetrametilp-fenil* diamina em 10 ml de água destilada. Este reagente foi utilizado para detetar a capacidade das bactérias para produzir a enzima oxidase (MacFaddin 2000).

2.2.5. Preparação dos meios de cultura

2.2.5.1. Meios de cultura prontos a usar

Os meios utilizados neste estudo, enumerados no ponto 2.1.3, foram preparados de acordo com as instruções do fabricante fixadas nos respectivos recipientes. Todos os meios foram esterilizados por autoclavagem a 121 C durante 15 minutos. Após o ajuste do pH, a base de ágar-sangue esterilizada foi suplementada com 5% de sangue humano, depois de arrefecer o meio a 45 C, e depois vertida em petridishes esterilizados.

2.2.5.2. CHROMagar™ Pseudomonas

O meio foi preparado de acordo com o procedimento do fabricante, adicionando a base em pó seco ao D.W. numa proporção de 33,2 gm/l e depois aquecido até à ebulição (100 C$^\circ$) com agitação regular, sem autoclave. O ágar CHROM derretido arrefeceu a 45 C$^\circ$, depois foi vertido em placas e utilizado no mesmo dia da preparação.

2.2.5.3. Preservação a longo prazo Médio

Este meio é constituído por caldo de nutrientes como meio basal, suplementado com 25% de glicerol. Após autoclavagem e arrefecimento a 56C, num banho de água, alíquotas de 5 ml foram distribuídas em tubos estéreis e mantidas a 4C, até serem utilizadas. Este meio foi utilizado para conservar os isolados bacterianos em congelação (-70 C) para armazenamento a longo prazo (Thomas, 2007).

2.2.2.4. Meio de caldo Luria-Bertani

O meio foi preparado adicionando pó seco a 1L de D.W. numa proporção de tripto 10gm, extrato de levedura 5gm, NaCl 5gm, esterilizado por autoclavagem a 121C durante 15 min. Depois de ajustar o pH para 7,5 com NaOH.

2.2.3. Preparação de tampões e soluções

O pH das soluções foi ajustado utilizando NaOH 1M ou HCl 1M.

2.2.3.1. Soluções de extração de ADN

2.2.3.1.1. Tampão Tris EDTA (tampão TE)

Este tampão foi preparado dissolvendo 0,05 M de Tris-OH e 0,001 M de EDTA em 800 ml de água destilada, o pH foi ajustado para 8 e completado para 1000 ml por água destilada, depois esterilizado por autoclavagem (a 121 C , durante 15 min) e armazenado a 4 C° , até ser utilizado.

2.2.3.2. Soluções de eletroforese em gel

As soluções foram preparadas como descrito por Bartlett e Stirling (1998) do seguinte modo

2.2.3.2.1. Tampão Tris-Borato-EDTA (TBE)

Ingredientes: Tris-OH (0,08 M), ácido bórico (0,08 M), EDTA (0,02M). O tampão foi preparado misturando vigorosamente os ingredientes. O pH foi ajustado para oito, autoclavado a 121 C° , durante 15 minutos, e armazenado a 4 C° , até ser utilizado.

2.2.3.2.2. Solução de brometo de etídio

A solução de reserva foi preparada dissolvendo 0,005 g de brometo de etídio em 10 ml de água destilada e armazenada num frasco de reagente escuro.

2.2.4. Teste bioquímico

2.2.4.1. Oxidase

Embebeu-se uma tira de papel de filtro com um pouco de solução a 1% de cloridrato de tetrametil-P-fenileno-diamina recém-preparada e a colónia a testar foi apanhada com um bastão de madeira esterilizado e espalhada sobre o papel de filtro. O resultado positivo é indicado por uma cor púrpura intensa, que aparece num espaço de 5-10 segundos.

2.2.5 Testes de confirmação

2.2.5.1. Identificação definitiva através do VITEK 2-Compact

Este sistema é composto por um computador pessoal, um leitor/incubadora constituído por vários componentes internos, incluindo: cassete de cartões, mecanismo de enchimento de cartões, mecanismo de processamento de carregamento de cassetes, selador de cartões, leitor de código de barras, carrossel de cassetes e incubadora, para além de ótica de transmissão, processamento de resíduos, eletrónica de controlo de instrumentos e firm ware. O sistema foi equipado com uma base de dados de identificação alargada para todos os testes de identificação de rotina que proporcionam uma eficiência melhorada no diagnóstico microbiano, o que reduz a necessidade de realizar quaisquer testes adicionais, aumentando assim a segurança tanto para o teste como para o utilizador. Todos os passos seguintes foram preparados de acordo com as instruções do fabricante. Colocaram-se três ml de solução salina normal num tubo de ensaio plano e inocularam-se com uma colónia isolada cheia de lupas. O tubo de ensaio foi inserido numa máquina de verificação da densidade para padronização da colónia para a solução padrão de McFarland (1,5 x 10^8

células/ml). Os inóculos padronizados foram colocados na cassete e um número de identificação da amostra foi introduzido no software do computador através de um código de barras. O tipo de cartão VITEK 2 é então lido a partir do código de barras colocado no cartão durante o fabrico, e o cartão, assim, ligado ao número de identificação da amostra. Em seguida, a cassete foi colocada no módulo de enchimento. Quando os cartões estavam cheios, a cassete era transferida para o módulo de leitura/incubadora. Todos os passos subsequentes foram tratados pelo instrumento, que controla a temperatura de incubação, a leitura ótica dos cartões e monitoriza e transfere continuamente os dados do teste para o computador para análise.

2.2.6. Recolha de amostras

Foi recolhido um total de 200 amostras durante o período de dezembro de 2013 a abril de 2014. As amostras foram divididas em dois grupos, como se segue:

a. Amostras clínicas

Cento e dez amostras clínicas de feridas cirúrgicas e de queimaduras foram recolhidas de doentes internados em hospitais e laboratórios na cidade médica de Al-Sader, na província de AL-Najaf. Os doentes foram tabulados de acordo com a idade, o sexo, a hospitalização, a toma de antibióticos e o estado imunitário. Assim, os doentes foram considerados imunodeprimidos se tivessem determinadas doenças subjacentes, tais como malignidade, cirrose, insuficiência renal, diabetes mellitus e queimaduras.

b. Amostras de ambiente hospitalar

Foi selecionado aleatoriamente um total de 90 amostras ambientais hospitalares do hospital acima mencionado. Os tipos e números de amostras clínicas e de amostras ambientais hospitalares estão indicados no quadro (2-1). Todas as amostras foram colhidas com zaragatoas estéreis humedecidas em solução salina normal.

Tabela (2-1): Tipos e números das amostras clínicas e ambientais hospitalares recolhidas no presente estudo (n=200).

Sample type	Source	Number
clinical	Burn wound	84
	Surgical wound	26
Hospital Environment	Source	Number
	Floor	16
	Instrument	28
	Bed	41
	Disinfectant	5

2.2.7. Isolamento e identificação de isolados bacterianos

As amostras de ambiente clínico e hospitalar foram cultivadas em meio de ágar MacConkey e incubadas durante uma noite a 37 °C. O meio de ágar MacConkey foi especialmente concebido para distinguir as bactérias não fermentadoras de lactose (colónias pálidas ou incolores) das bactérias fermentadoras de lactose (colónias cor-de-rosa a vermelhas). Todos os isolados não fermentadores de lactose foram subcultivados e incubados durante mais uma noite. As colónias suspeitas de *Pseudomonas*, cujas células eram Gram negativas e positivas para a oxidase, foram posteriormente identificadas até ao nível da espécie utilizando testes bioquímicos de rotina de acordo com Holt *et al.* (1994). Nesta investigação, os isolados oxidase-negativos foram descartados. Os isolados de *P. aeruginosa* foram distinguidos com o meio CHROMagar Pseudomonas e, finalmente, a identificação das espécies de *Pseudomonas* foi confirmada bioquimicamente com o sistema automatizado VITEK2.

2.2.8. Preservação e manutenção de isolados bacterianos

Os isolados bacterianos cultivados e propagados foram conservados em ágar nutriente a 4 C° . Os isolados foram mantidos mensalmente por subcultura em meio novo. Foi utilizado caldo de nutrientes suplementado com 25% de glicerol para uma conservação prolongada e os isolados foram mantidos congelados a -70 C (congelação profunda) durante vários meses (conservação a médio prazo) (Thomas, 2007).

2.2.7. Subcultura de culturas de reserva conservadas e congeladas

As culturas de reserva congeladas foram subcultivadas em placas de ágar sangue fresco e depois incubadas em condições aeróbias a 37C durante 24 horas (Thomas, 2007). Todos os meios de cultura foram esterilizados em autoclave a uma temperatura (121C) e pressão (1) Joe duração (20 minutos) (Collee et al, 1996).

2.2.8. Ensaios de Suscetibilidade a Antibióticos e Determinação da Concentração Inibitória Mínima (CIM) através do Sistema VITEK 2-Compact

Este sistema é constituído por um computador pessoal, um leitor/incubadora composto por vários componentes internos, incluindo: cassete de cartões, mecanismo de enchimento de cartões, mecanismo de processamento de carregamento de cassetes, selador de cartões, leitor de códigos de barras, carrossel de cassetes e incubadora, além de ótica de transmissão, processamento de resíduos, eletrónica de controlo de instrumentos e firm ware. O sistema está equipado com uma base de dados de identificação alargada para os antibióticos necessários para o teste de suscetibilidade, o que proporciona uma maior eficiência no diagnóstico microbiano, reduzindo a necessidade de realizar testes adicionais, aumentando assim a segurança do teste e do utilizador. Todos os passos seguintes foram preparados de acordo com as instruções do fabricante. Colocam-se três ml de solução salina normal num tubo de ensaio plano e inoculam-se com uma colónia isolada cheia. O tubo de ensaio é inserido na máquina de verificação da densidade para padronização da colónia para a solução padrão de McFarland (1,5 x 108 células/ml). Em seguida, 145μl são transferidos dos inóculos padronizados para serem adicionados a outro tubo de ensaio plano contendo 3 ml de solução salina normal, este tubo de inóculos diluídos é colocado na cassete e um número de identificação da amostra é introduzido no software do computador através do código de barras. O tipo de cartão VITEK 2 é então lido a partir do código de barras colocado no cartão durante o fabrico, e o cartão é assim ligado ao número de identificação da amostra. Em seguida, a cassete foi colocada no módulo de enchimento. Quando os cartões estavam cheios, a cassete era transferida para o módulo de leitura/incubadora. Todas as etapas subsequentes foram tratadas pelo instrumento, que controla a temperatura de incubação, a leitura ótica dos cartões e monitoriza e transfere continuamente os dados do teste para o computador para análise.

Critérios para definir MDR, XDR e PDR em *P. aeruginosa*, MDR: não suscetível a ≥ 1 agente em≥ 3 categorias antimicrobianas. XDR: não suscetível a ≥ 1 agente em todas as categorias menos≤ 2. PDR: não suscetível a todos os agentes antimicrobianos listados (Magiorakos *et al.*, 2001).

2.2.9. Determinação molecular da resistência aos antibióticos Mecanismos

2.2.11.1. Extração de ADN

A extração de ADN de células bacterianas foi realizada pelo método de ebulição (Singh *et al* 2011) com algumas modificações, como se segue: Uma alça cheia de crescimento noturno de *P. aeruginosa* foi inoculada em 5 ml de caldo Luria-Bertani e incubada a 37C por 24 h. 1 ml de cultura bacteriana foi transferido para um microtubo e depois centrifugado a 10000 xg por 10 min. O sedimento resultante foi ressuspenso em 100 µl de tampão TE, fervido durante 10 minutos, seguido de arrefecimento imediato em gelo. Após a sua centrifugação a 10000 xg durante 10 min.

2.2.10. Ensaio de Reação em Cadeia da Polimerase (PCR)

2.2.12.1. Preparação dos primários

Os primers de ADN foram ressuspendidos dissolvendo o produto liofilizado após centrifugação breve com tampão TE de grau molecular, de acordo com as instruções do fabricante, como suspensão de reserva. O tubo de primers de trabalho foi preparado por diluição com tampão TE de grau molecular. Os picomoles finais dependiam do procedimento de cada iniciador.

2.2.12.2. Protocolos de PCR para deteção de genes de resistência

O extrato de ADN dos isolados de *P. aeruginosa* foi submetido aos genes de resistência enumerados em 2.1.6.3 por PCR. O protocolo utilizado depende das instruções do fabricante. Todos os componentes da PCR foram reunidos num tubo de PCR e misturados num saco com gelo, em condições estéreis, como indicado no quadro (2-2).

Tabela (2-2): Protocolo de volumes de mistura de reação de PCR

PCR reaction mixture	Kapa protocol (final volume 20μl)
2X Ready mix with Mg^{2+}	10μl
Primer forward (10μM)	0.8 μl
Primer reverse (10μM)	0.8 μl
DNA template	4 μl
PCR grade water	4.4 μl

2.2.12.3 Condições de termociclagem da PCR

Os tubos de PCR foram colocados na máquina de PCR e as condições correctas dos parâmetros do programa de ciclo de PCR foram instaladas como na Tabela (2-3). Tabela (2-3): Programas das condições de termociclagem da PCR para a deteção de genes de resistência.

| Gene name | Temperature (C°)/Time | | | | | Cycle number | Reference |
| | Initial denaturation | Cycling condition | | | Final extension | | |
		denaturation	annealing	extension			
*bla*CTX-M	94/4min	94/30sec	63/1min	72/1min	72/5min	35	Woodford *et al.*, 2007
*bla*TEM	94/1min	94/1min	58/1 min	72/1min	72/10min	30	Rasheed JK. *et al.*,1997
*bla*SHV	94/1min	94/1min	56/1 min	72/1min	72/10min	30	Rasheed JK. *et al.*,1997
*bla*OXA	94/10min	94/40sec	60/40 sec	72/1min	72/5min	30	Dallenne C. *et al.*, 2010
*bla*IMP	94/10min	94/40sec	55/40sec	72/1min	72/10min	30	Yin *et al.*, 2008
*bla*VIM	94/10min	94/40sec	55/40sec	72/1min	72/10min	30	Yin *et al.*, 2008
*bla*KPC	94/5min	94/1min	60/1min	72/1min	72/10min	35	Schechner *et al.*,2009
aac(3')I	94/ 15min	94/1min	55/1 min	72/1min	72/10min	30	Kim *et al.*, 2008a
aac(6')I	94/ 15min	94/45sec	55/45sec	72/45sec	72/10min	34	Kim *et al.*, 2008a
aac(6')Ib	94/4min	94/45sec	55/45sec	72/45sec	72/10min	34	Park CH *et al.*, 2006

2.2.12.4. Eletroforese em gel de agarose

Todos os requisitos, técnicas e preparações da eletroforese em gel de agarose para deteção e análise do ADN foram realizados de acordo com Bartlett e Stirling (1998).

2.2.12.4.1. Preparação do gel de agarose e carregamento de ADN

O gel de agarose foi preparado adicionando 1,5 g de agarose em pó a 100 ml de tampão TBE previamente preparado (90 ml de D.W. adicionados a 10 ml de tampão TBE 10X, a concentração final foi 1X e pH 8). A mistura foi colocada num banho de água a ferver até se tornar límpida, deixada arrefecer a 50C e adicionou-se brometo de etídio a uma concentração de 0,5 mg/l. A agarose foi vertida gentilmente num tabuleiro de gel equilibrado previamente colocado com dois pentes fixados na extremidade e no meio, tendo as duas extremidades do tabuleiro de gel sido seladas. A agarose foi deixada solidificar à temperatura ambiente durante 30 minutos. Os pentes e o selo foram retirados cuidadosamente do tabuleiro. Os poços feitos com o pente foram utilizados para carregar amostras de ADN. Foram carregados 5 µl de produto de PCR amplificado nos poços do gel de agarose. Utilizaram-se 5 µl de ADN ladder como padrão molecular para comparação de tamanhos. O tabuleiro de gel foi fixado na câmara de eletroforese e foi adicionado tampão TBE IX à câmara até cobrir a superfície do gel. A corrente eléctrica foi aplicada a 60 volts durante 1,5-2 horas.

2.2.12.5. Documentação do gel de agarose

Os produtos da PCR separados em géis de agarose a 1,5% (após coloração com brometo de etídio a 0,5 mg/l) foram visualizados utilizando o sistema de documentação em gel.

Os resultados positivos distinguem-se quando os pares de bases da banda de ADN da amostra são iguais ao tamanho do produto-alvo. Por fim, o gel foi fotografado utilizando o sistema de documentação de gel Biometra.

Capítulo 3: Resultados e discussão

3.1. Amostragem e demografia dos doentes

A Pseudomonas aeruginosa é um importante agente patogénico nosocomial em muitos centros médicos em todo o mundo. O papel da *P. aeruginosa* como agente patogénico nosocomial em doentes (principalmente em doentes hospitalizados) aumentou acentuadamente na última década no Iraque (Belal, 2010; Al-Shara, 2013). O aspeto mais preocupante é a taxa de mortalidade extremamente elevada associada às infecções hospitalares por *Pseudomonas* (Brusselaers *et al.*, 2001). No entanto, um dos objectivos deste estudo é determinar a taxa de isolamento de *P. aeruginosa* no maior hospital da província de Al-Najaf e comparar os resultados com outros estudos nacionais. O estudo foi realizado ao longo de um período de cinco meses, tendo sido seleccionadas aleatoriamente e examinadas para deteção de *P. aeruginosa* um total de 200 amostras não duplicadas provenientes de vários doentes clínicos não repetitivos (n= 110, 55%) e do ambiente hospitalar (n= 90, 45%). Estas amostras clínicas incluem ferida de queimadura (n= 84, 42%) e ferida cirúrgica (n= 26, 13%), enquanto o ambiente hospitalar inclui zaragatoa do chão (n= 16, 8%), zaragatoa de instrumentos (n= 28, 14%), zaragatoa da cama (n= 41, 20%) e desinfectantes (n= 5, 3%). A distribuição das amostras clínicas e ambientais é apresentada na Figura (3-1).

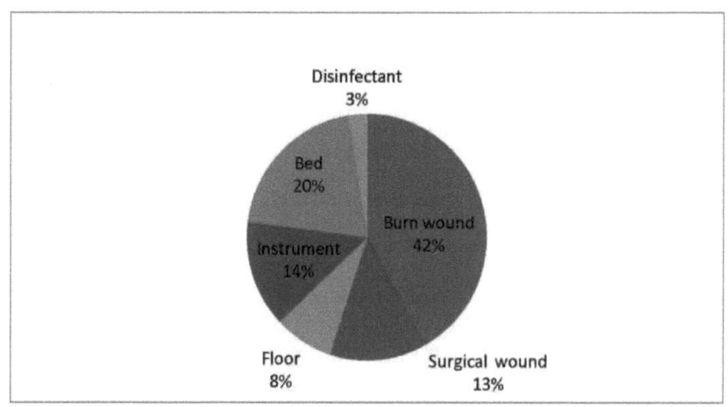

Figura (3-1): Amostras clínicas e ambientais recolhidas neste estudo (n= 200).

O grupo de doentes era constituído por 43 (39,1%) homens e 67 (60,9%) mulheres. A idade dos doentes variou entre um ano e 75 anos, tendo todas as amostras clínicas sido recolhidas apenas de casos de internamento. Todos os doentes estavam a tomar antibióticos como tratamento, com um único esquema ou com um esquema combinado de antibióticos antes da colheita de amostras. A demografia dos pacientes foi resumida na Tabela (3-1).

Tabela (3-1): Distribuição das amostras clínicas de acordo com as origens, género e internamento

Type and No.(%) of clinical samples	Burn wound	84 (42%)
	Surgical wound	26 (13%)
Gender	Male	43 (39.1%)
	Female	67 (60.9%)
Total	n=110	
Hospitalization	All patient were admitted for equal or more than two days before sample collection (inpatients)	

3.2. Incidência de *P. aeruginosa* nas amostras examinadas

No total, 32 isolados não duplicados de bactérias, suspeitos de serem *P. aeruginosa,* foram recuperados de amostras clínicas e de ambiente hospitalar, tendo sido cultivados em ágar-sangue, ágar MacConkey e *Pseudomonas* chromoagar. Foram efectuados testes bioquímicos em todos os isolados para permitir a sua identificação. Estes testes foram seleccionados como testes fenotípicos tradicionais utilizados para identificar *P. aeruginosa.* Os isolados eram Gram-negativos e bastonetes curtos. O teste da oxidase foi positivo, os testes morfológicos e bioquímicos indicaram que todos os 32 isolados eram *P. aeruginosa,* o que mostrou uma incidência de 16%. As características morfológicas e bioquímicas [como mostrado na tabela (3-2)] dos isolados foram consistentes com a descrição de *P. aeruginosa* típica de acordo com MacFaddin (2000) e Jácome *et al.* (2012).

Tabela (3-2): Características morfológicas e bioquímicas dos isolados de *P. aeruginosa* recuperados de amostras clínicas e do ambiente hospitalar do hospital AL-Sader medical City (N.º de isolados =32).

Test	Percentage of positive results
Gram negative bacilli	32 (100%)
Oxidase	32 (100%)
Growth on CHROMagar pseudomonas	32 (100%)

Além disso, o sistema compacto VITIKE 2 foi efectuado como teste de confirmação para a identificação deste organismo. Este teste mostrou que todos os isolados testados foram confirmados como *P. aeruginosa.* A presente incidência (16%) corresponde a muitas publicações no Iraque que se centraram na predominância de *P. aeruginosa* e está associada a infecções subjacentes graves entre amostras clínicas (Belal, 2010; Fayroz-Ali, 2012), o que sugere que este agente patogénico é suscetível de constituir um risco grave para a saúde na comunidade e nos hospitais, bem como num estudo europeu de unidades de cuidados intensivos, *P. aeruginosa* foi o isolado bacteriano mais frequente, representando 29% do total de isolados (Vincent, 2000). Num estudo realizado em Jacarta, Lucky *et al.* (2012) referiram que *a P. aeruginosa* se encontrava entre as cinco bactérias Gram-negativas mais frequentes encontradas em amostras clínicas, sendo a segunda mais frequente em 2004, a terceira em 2005, 2007 a 2009 e a quarta em 2006 e 2010.

A percentagem mais elevada de infecções por *P. aeruginosa* foi observada na ferida de queimadura (24, 28,6%) em comparação com a infeção da ferida cirúrgica (3, 11,5%), além disso (5, 5,6%) os isolados foram obtidos a partir de amostras do ambiente hospitalar, como se mostra na Tabela (3-3). Ocasionalmente, *a P. aeruginosa* pode colonizar locais do corpo humano, com preferência por áreas húmidas, como o períneo, o ouvido, a mucosa nasal, a urina e a garganta, bem como as fezes (Rossolini e Mantengoli, 2005). *A P. aeruginosa* pode causar uma variedade de infecções cutâneas, tanto localizadas como difusas. O fator predisponente comum é a rutura do tegumento, que pode resultar de queimaduras, traumatismos ou dermatites. *A P. aeruginosa* é uma das causas mais importantes de infecções em doentes queimados em todo o mundo, incluindo o Iraque. Estudos anteriores efectuados em hospitais de queimados em várias cidades do Iraque demonstraram uma elevada incidência de isolados multirresistentes (AL-Muhannak, 2010; Al-Shara, 2013).

Tabela (3-3): Incidência da *P. aeruginosa* isolada em diferentes amostras clínicas e de ambiente hospitalar

Source of samples	Total No. of samples	No.(%) of isolates	No.(%) of Gram positive and negative isolates
Burn wound	84	24 (28.6%)	60(71.4%)
Surgical wound	26	3 (11.5%)	23(88.5%)
Hospital environment	90	5 (5.6%)	85(94.4%)
Total	200	32(16%)	168(84%)

As localizações dos doentes e a demografia a partir da qual os isolados de *P. aeruginosa* foram recuperados estão descritos na Tabela (3-4). Os isolados foram obtidos de doentes que consistiam em 16/27 (59,3%) do sexo feminino e 11/27 (40,7%) do sexo masculino. A incidência dos isolados clínicos em função do sexo mostra que as infecções causadas por *P. aeruginosa* são mais comuns nas mulheres do que nos homens, o que é oposto ao resultado do estudo realizado em Al-Najaf (Al-Shara, 2013). Nesta investigação, a percentagem mais elevada de doentes infectados foi registada no grupo etário dos 26 aos 50 anos (51,9%), seguido dos 51 aos 75 anos (25,9%) e dos 25 anos (22,2%). Este facto é incomparável com outros estudos realizados no Iraque (Belal, 2010; Al- Shara, 2013).

Tabela (3-4): Perfil demográfico de 27 isolados de *P. aeruginosa* com base na idade, género

Patients profile with positive *P. aeruginosa*	Status	No. (%) of *P. aeruginosa* isolates
Age group (years)	(1-25)	6(22.2%)
	(26-50)	14(51.9%)
	(51-75)	7(25.9%)
Gender	Male	11(40.7%)
	Female	16(59.3%)

3.3. Teste de suscetibilidade a antibióticos antipseudomonas

Os padrões de suscetibilidade aos antibióticos serviram de orientação útil para a escolha do antibiótico adequado. Esta informação é também importante para políticas racionais contra a resistência antimicrobiana. Infelizmente, em muitas províncias iraquianas, estes dados são escassos devido à diminuição dos recursos. Em Al-Najaf, os dados sobre a resistência antimicrobiana entre os agentes patogénicos bacterianos são ocasionais e escassos. *A P. aeruginosa* representa um sério desafio terapêutico para o tratamento de infecções adquiridas na comunidade e nosocomiais, e a seleção do antibiótico adequado para iniciar a terapêutica é essencial para otimizar o resultado clínico (Micek *et al.*, 2005; Ozer1 *et al.*, 2012). A seleção do antibiótico mais adequado é complicada pela capacidade da *P. aeruginosa* de desenvolver resistência a várias classes de agentes antibacterianos. Estudos de resultados epidemiológicos demonstraram que as infecções causadas por *P. aeruginosa* resistente aos medicamentos estão associadas a um aumento significativo da morbilidade, da mortalidade, da necessidade de intervenção cirúrgica, da duração do internamento hospitalar e dos cuidados crónicos, bem como do custo global do tratamento da infeção (Aloush *et al.*, 2006; Gasink *et al.*, 2006). Todos os estudos de vigilância nacionais revelaram que não existe um único medicamento ativo contra a *P. aeruginosa* clínica (Al-Muhannak, 2010; Belal, 2010; Resol, 2015). No entanto, este estudo forneceu dados importantes sobre as tendências de suscetibilidade antimicrobiana para isolados de *P. aeruginosa*. O estudo forneceu uma amostra representativa das actuais tendências de suscetibilidade no hospital Al-Sader Medical City e descreve as abordagens terapêuticas empíricas adequadas que podem ser utilizadas face a esta ameaça contínua de resistência.

Neste estudo, todos os isolados *de P. aeruginosa* (32 isolados) foram analisados contra catorze antibióticos antipseudomonas pertencentes a oito classes estruturalmente diversas. Os resultados da resistência foram determinados utilizando o sistema VITIKE2, conforme apresentado na Tabela (3-5). A comparação da percentagem de resistência entre *a P. aeruginosa* testada e os antibióticos individuais indicou a presença de diversos graus de resistência à maioria dos antibióticos testados.

Esta investigação constatou que a percentagem de resistência à piperacilina, piperacilina-tazobactam (31,3%) e à ticarcilina, ticarcilina-ácido clavulânico (34,4%) era inferior em comparação com relatórios locais anteriores (Al-Shara, 2013; Abdul-Wahid, 2014). No entanto, o aumento da resistência de *P. aeruginosa* aos antibióticos inibidores de β-lactâmicos pode dever-se a uma produção excessiva de β-lactamase e/ou a um mecanismo de efluxo ativo (Aghazadeh *et al.*, 2014). Outra descoberta interessante é a taxa de resistência moderada à ceftazidima e à cefepima (31,3%), sendo esta tendência inferior à de um estudo anterior realizado em Al-Najaf (Al-Shara, 2013). As possíveis razões para a variação das taxas de resistência aos antibióticos nos diferentes estudos não são compreendidas, mas podem refletir a quantidade de antibióticos utilizados.

Os carbapenemes têm um largo espetro de atividade antibacteriana e são utilizados como fármacos de último recurso para o tratamento de infecções causadas por isolados de *P. aeruginosa* multirresistentes devido à sua estabilidade face à maioria das β-lactamases (El-Gamal e Oh, 2010). Neste estudo, foi observada uma resistência notável da *P. aeruginosa* ao imipenem (34,4%) e ao meropenem (31,3%). Anteriormente, a resistência ao imipenem foi registada em Al- Najaf e variou entre 7,4% e 25% (Al-Shara, 2013; Resol, 2015). Além disso, muitos relatórios sobre a resistência aos carbapenemes de isolados Gram-negativos em hospitais de Al-Najaf foram relacionados com aspectos como a presença de MBL, KPC e carbapenemases de classe D (Fayroz-Ali, 2012; Alsehlawi,2014; Alshara, 2014). Por conseguinte, a utilização de carbapenemes deve ser restringida, a fim de evitar o aparecimento de isolados extremamente resistentes aos medicamentos.

Não existe um perfil típico de resistência aos aminoglicosídeos entre os isolados na presente investigação. A gentamicina pareceu oferecer mais resistência (31,3%) do que a tobramicina (28,1%), que por sua vez é ligeiramente mais resistente do que a amicacina (25%). A taxa de resistência foi relativamente constante para a tobramicina quando comparada com relatórios anteriores no Iraque (Abdul-Wahid, 2014; Resol, 2015).

A resistência de *P. aeruginosa* às fluoroquinolonas é um problema importante em muitas partes do mundo (Rejiba *et al.*, 2008). Os principais mecanismos de resistência às fluoroquinolonas são mutações nos genes alvo, que conferem resistência apenas às fluoroquinolonas, e mutações nos genes reguladores das bombas de efluxo de fármacos. A última, denominada mutação MAR (resistência múltipla a antibióticos), resulta em resistência cruzada a antibióticos quimicamente não relacionados (Drlica *et al.*, 2009). Neste estudo, a taxa de resistência dos isolados à ciprofloxacina foi de 28,1%; em relatórios anteriores em hospitais de Al-Najaf, as taxas de resistência dos isolados de *P. aeruginosa* à ciprofloxacina foram de 40,7% a 73,4% (Al-Muhanak, 2010; Belal, 2010; Al-Shara, 2013). Uma taxa moderada de resistência à ciprofloxacina foi observada em hospitais de Al-Nasseryia (Abdul-Wahid, 2014), nesse estudo, a taxa de resistência à ciprofloxacina foi de 29,2%. No entanto, as taxas de resistência da *P. aeruginosa* à ciprofloxacina são mais baixas noutras partes do mundo em comparação com as do presente estudo. Num estudo sobre infecções do local cirúrgico nos Estados Unidos, a taxa de resistência da *P. aeruginosa* à ciprofloxacina foi de 16% (Friedland *et al.*, 2004). A diferença na taxa de resistência à ciprofloxacina está geralmente relacionada com a intensidade da utilização de fluoroquinolonas ou provavelmente relacionada com a pressão selectiva das fluoroquinolonas (Sarkozy, 2001).

Tabela (3-5): Resultados da suscetibilidade a antibióticos determinados com Teste VITIKE2.

Isolate symbol	Sample source	Ticarcillin	Piperacillin	Ticarcillin –clavulanic acid	Piperacillin - tazobactam	Ceftazidime	Cefepime	Imipenem	Meropenem	Amikacin	Gentamicin	Tobramycin	Ciprofloxacin	Minocycline	Trimethoprim - Sulfamethoxazole	No. of classes resistant	No. of antibiotics resistant
p1	S.W	S	S	S	S	S	S	S	S	S	S	S	S	R	R	2	2
p2	B.W	S	S	S	S	S	S	S	S	S	S	S	S	R	R	2	2
p3	B.W	S	S	S	S	S	S	S	S	S	S	S	S	R	R	2	2
p4	B.W	S	S	S	S	S	S	S	S	S	S	S	S	R	R	2	2
p5	B.W	S	S	S	S	S	S	S	S	S	S	S	S	R	R	2	2
p6	B.W	S	S	S	S	S	S	S	S	S	S	S	S	R	R	2	2
p7	B.W	S	S	S	S	S	S	S	S	S	S	S	S	R	R	2	2
p8	B.W	R	R	R	R	R	R	R	R	I	R	S	R	R	R	8	12
p9	B.W	S	S	S	S	S	S	S	S	S	S	S	S	R	R	2	2
p10	B.W	R	R	R	R	R	R	R	R	R	R	R	R	R	R	8	14
p11	B.W	R	R	R	R	R	R	R	R	R	R	R	R	R	R	8	14
p12	I.N	R	R	R	R	R	R	R	R	S	R	R	S	R	R	7	12
p13	B.W	S	S	S	S	S	S	S	S	S	S	S	S	R	R	2	2
p14	B.W	S	S	S	S	S	S	S	S	S	S	S	S	R	R	2	2
p15	B.W	S	S	S	S	S	S	S	S	S	S	S	S	R	R	2	2
p16	B.W	R	R	R	R	R	R	R	R	R	R	R	R	R	R	8	14
p17	B.W	S	S	S	S	S	S	S	S	S	S	S	S	R	R	2	2
p18	B.W	S	S	S	S	S	S	S	S	S	S	S	S	R	R	2	2
p19	B.W	R	R	R	R	R	R	R	R	R	R	R	R	R	R	8	14
p20	S.W	S	S	S	S	S	S	S	S	S	S	S	S	R	R	2	2
p21	S.W	S	S	R	S	S	S	S	S	S	S	S	S	R	R	3	3
p22	D.I	S	S	S	S	S	S	S	S	S	S	S	S	R	R	2	2
p23	F.L	S	S	S	S	S	S	S	S	S	S	S	S	R	R	2	2
p24	I.N	S	S	S	S	S	S	S	S	S	S	S	S	R	R	2	2
p25	B.W	S	S	S	S	S	S	R	S	S	S	S	S	R	R	3	3
p26	B.W	S	S	S	S	S	S	S	S	S	S	S	S	R	R	2	2
p27	B.W	R	R	R	R	R	R	R	R	R	R	R	R	R	R	8	14
p28	B.W	R	R	R	R	R	R	R	R	R	R	R	R	R	R	8	14
p29	B.W	R	R	R	R	R	R	R	R	R	R	R	R	R	R	8	14
p30	B.W	R	R	R	R	R	R	R	R	R	R	R	R	R	R	8	14
p31	B.W	R	S	S	S	S	S	S	S	S	S	S	S	R	R	3	3
p32	F.L	S	S	S	S	S	S	S	S	S	S	S	S	R	R	2	2
total	S%	65.6	68.7	65.6	68.7	68.7	68.7	65.6	68.7	71.9	68.7	71.9	71.9	0	0		
	R%	34.4	31.3	34.4	31.3	31.3	31.3	34.4	31.3	25	31.3	28.1	28.1	100	100		
	P%	0	0	0	0	0	0	0	0	3.1	0	0	0	0	0		

S.W: surgical wound, B.W: burn wound, I.N: instruments, D.I: disinfectant, F.L: floor

O presente estudo revelou que 13 (40,6%) dos isolados foram considerados resistentes a múltiplos antibióticos, porque não eram susceptíveis a pelo menos um agente em três ou mais categorias antimicrobianas. Curiosamente, 8 (25%) dos isolados foram identificados como PDR, além disso, 3 (9,4%) e 2 (6,2%) isolados foram considerados MDR e XDR, respetivamente. Contrariamente, 19 (59,4%) dos isolados mostraram-se resistentes a uma ou duas classes dos antibióticos testados, como se mostra na Tabela (3-6).

Tabela (3-6): A percentagem de MDR, XDR e PDR entre *P. aeruginosa* testada para antibióticos individuais

Type of resistance	No. of isolates (n=32)	No. of resistance to antibiotic classes (n=8)	Isolate code No.
MDR	3	3	P21 , P25 , P31
XDR	2	8	P 8
		7	P 12
PDR	8	8	P10 , P11 , P16 , P19 , P27 , P28 , P29 , P30

A crescente disseminação de infecções produzidas por isolados de *P. aeruginosa* MDR, XDR ou PDR compromete gravemente a seleção de tratamentos adequados e está, por conseguinte, associada a uma morbilidade e mortalidade significativas (Peña *et al.*, 2012). A multirresistência a antibióticos causada por uma variedade de mecanismos de resistência, a produção de carbapenemases, ESBLs e enzimas N-acetiltransferase de aminoglicosídeos foi relatada como a principal causa de multirresistência em *P. aeruginosa* no Iraque (Al-Shara, 2013; Abdul-Wahid, 2014). Embora uma grande quantidade de relatórios tenha abordado a resistência a vários antibióticos em *P. aeruginosa*, apenas três estudos examinaram a ocorrência de MDR, XDR e PDR no Iraque (Al-Shara, 2013; Abdul-Wahid, 2014; Resol, 2015). Uma possível explicação para este facto pode ser a ausência de um consenso internacional relativamente à definição de MDR, XDR e PDR em *P. aeruginosa*. Neste estudo, a incidência de isolados de *P. aeruginosa MDR* , XDR e PDR foi de (9,4%) ,(6,2%) e (25%), respetivamente (Tabela 3-5), o que é diferente dos valores relatados em outros estudos no Irão (Lim *et al.*, 2009), Malásia (Mirsalehian *et al*, 2010) e no Paquistão (Ullah *et al.*, 2009), esta taxa de incidência é inferior à de estudos anteriores efectuados em hospitais de Al-Najaf (Al-Shara, 2013; Resol, 2015) e em hospitais de Al-Nasseria (Abdul-Wahid, 2014). Num estudo sobre as taxas de resistência de *P. aeruginosa* em doentes internados em unidades de cuidados intensivos nos Estados Unidos, a taxa de MDR variou entre 4% em 1993 e 14% em 2002 (Jung *et al.*, 2004). Num estudo realizado em Riade, na Arábia Saudita, a MDR foi detectada em 6,4% das *P. aeruginosa* (Al-Jasser e Elkhizzi, 2004). Os isolados confirmados como XDR são epidemiologicamente importantes devido não só à sua resistência a múltiplos antibióticos, mas também à sua probabilidade ameaçadora de serem resistentes a todos ou quase todos os antibióticos aprovados (Kim *et al.*, 2008b).

Wang *et al.* (2003) referiram que o termo PDR *P. aeruginosa* foi apresentado para isolados resistentes a todos os agentes antipseudomoniais, com exceção das polimixinas, enquanto Falagas *et al.* (2006) defenderam que deveria ser reservado para isolados resistentes a absolutamente todos os antibióticos disponíveis. Nos hospitais de Al-Najaf, os primeiros 12 isolados de *P. aeruginosa* resistentes a todos os antibióticos comercialmente disponíveis (exceto a colistina ou a polimixina) foram isolados em 2011 (Al-Shara, 2013) e o presente estudo foi outro ensaio. A disseminação da PDR é pouco frequente em muitas partes do mundo (Gill *et al.*, 2013; Golshani e Sharifzadeh, 2013). O aparecimento da PDR representa um grande desafio terapêutico, uma vez que as polimixinas têm sido tradicionalmente consideradas relativamente tóxicas e a sua eficácia tem sido considerada subóptima (Li *et al.*, 2006). Atualmente, existem muito poucos relatórios sobre o resultado clínico de doentes que sofrem de infeção causada por *P. aeruginosa* PDR. Estes sugerem que a mortalidade é elevada. Num estudo realizado na Eslováquia, foi registada uma mortalidade de 80% dos doentes com *P. aeruginosa* resistente à colistina (Beno *et al.*, 2006). As infecções por *Enterobacteriaceae* PDR, embora ainda raras, foram associadas a uma elevada mortalidade. Entre 28 doentes que sofriam de infecções por PDR na Grécia, de janeiro de 2006 a maio de 2007, a mortalidade atribuível foi de 33,3% (Falagas *et al.*, 2008). A má qualidade dos antibióticos disponíveis na província de Al-Najaf ou a menor concentração de antibióticos incorporados, ou o facto de os antibióticos estarem à disposição do público, estes factores podem ter aumentado a elevada taxa de incidência de bactérias patogénicas resistentes nos hospitais, além de que os antibióticos são frequentemente utilizados na criação de animais e aves de capoeira. No entanto, a utilização incorrecta e excessiva de antibióticos por parte dos médicos e dos doentes não deve ser negligenciada.

3.4. Caracterização molecular dos genes ESBL

As β-lactamases de espetro alargado são, na sua maioria, enzimas mediadas por plasmídeos capazes de hidrolisar e inativar uma grande variedade de antibióticos β-lactâmicos, incluindo cefalosporinas de terceira geração, penicilinas e aztreonam (Aggarwal e Chaudhary, 2004). As directrizes do CLSI (2012) não descrevem qualquer método fenotípico para detetar a produção de ESBL em *P. aeruginosa*. Por conseguinte, o estudo foi concebido para investigar a presença de genes que codificam ESBLs entre 32 isolados de *P. aeruginosa*. É de salientar que a deteção dos genes blaOXA, blaCTX-M, blaTEM e blaSHV foi efectuada com um ensaio de PCR (Tabela 3-7).

Os resultados mostraram que a bla_{OXA} (20/32, 62,5%) é a mais disseminada entre os isolados de *P. aeruginosa* (Figuras 3-2 A,B). No entanto, em estudo recente conduzido por Resol (2015), que constatou que todos os isolados de *P. aeruginosa* carregavam blaOXA β-lactamases. As enzimas hidrolisantes de oxacilina do tipo OXA são da família das β-lactamases e foram encontradas principalmente em *P. aeruginosa*. As β-lactamases OXA pertencem à classe D de Ambler. Estas enzimas conferem resistência à ampicilina e à cefalotina e caracterizam-se pela sua elevada atividade hidrolítica contra a oxacilina e a cloxacilina, sendo pouco inibidas pelo ácido clavulânico. Muitos dos membros mais recentes da família das β-lactamases OXA foram encontrados em isolados bacterianos originários da Turquia e de França (Gupta, 2007). De facto, as ESBL do tipo OXA foram originalmente descobertas em isolados de *P. aeruginosa* (Paterson e Bonomo, 2005). A sua codificação em plasmídeos e/ou transposões pode facilitar a sua propagação horizontal, embora se tenha provado que muitas delas têm apenas uma localização cromossómica (Naas *et al.*,1999, Walther-Rasmussen e Hiby, 2006).

No presente estudo, 10/32 (31,3%) dos isolados de *P. aeruginosa* transportam o gene *bla*$_{CTX-M}$, como se mostra na Figura (3-3 A, B). Estudos anteriores indicam que as enzimas CTX-M predominam entre as ESBLs da comunidade

P. aeruginosa e estirpes de enterobactérias em Al-Najaf (Belal, 2010; Al- Muhannak 2010; Al-Sehlawi, 2012). A primeira enzima CTX-M descrita em *P. aeruginosa* e *5· . maltophilia* foi observada em isolados recuperados em 2004 de um doente em Amesterdão (Al-Naiemi *et al.*, 2005), esta enzima foi caracterizada como CTX-M-1. Em 2004, foi também observada em *P. aeruginosa* e *Acinetobacter* spp em isolados recuperados de hospitais bolivianos (Celenza *et al.*, 2006). A CTX-M também foi encontrada em um isolado de *P. aeruginosa* recuperado de um paciente hospitalizado no Brasil em 2005 (Pico *et al.*, 2009). Apesar desses resultados, a prevalência das enzimas CTX-M em bacilos não fermentadores ainda é rara. Este facto pode dever-se à incompatibilidade dos plasmídeos que transportam estas enzimas ou pode refletir dificuldades fenotípicas no reconhecimento de isolados não fermentadores que expressam CTX-Ms (Chowdhury *et al.*, 2011; Gómez-Garcés *et al.*, 2011).

Neste estudo, 10 (31,3%) isolados tinham ambos os genes *bla*$_{OXA}$ e *bla*$_{CTX-M}$. Os genes blaTEM e blaSHV não foram detectados.

Tabela (3-7): Distribuição dos genes de β-lactamase entre os isolados de *P. aeruginosa* analisados (n=32)

Type of *bla* gene	No.(%) of positive isolates	Isolate code No.
bla$_{OXA}$+ *bla*$_{CTX-M}$	10 (31.2%)	P8 , P10 , P11 , P12 , P16 , P19 , P27 , P28 , P29 , P30
bla$_{OXA}$	20 (62.5%)	P1 , P4 , P7 , P8 , P10 , P11 , P12 , P13 , P14 , P16, P19 , P20 , , P24 , P25 , P27 , P28 , P29 , P30 , P31 , P32
bla$_{TEM}$	0	0
bla$_{SHV}$	0	0

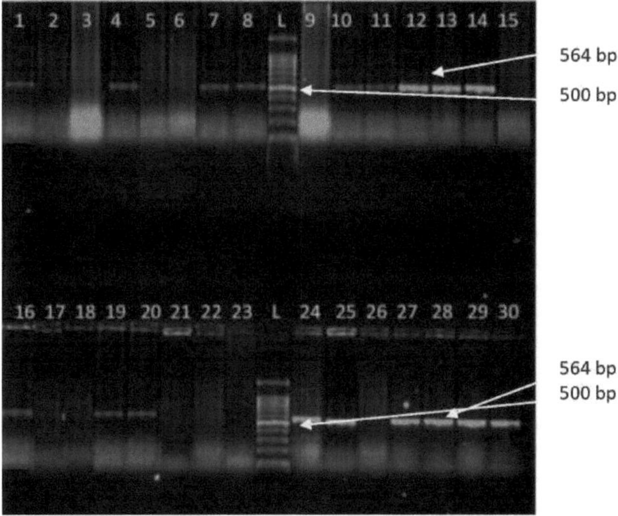

Figura (3-2 A): Produtos de amplificação por PCR de isolados de *P. aeruginosa* que amplificaram com o primer do gene *bla*$_{ox}$ A com tamanho de produto de 564 pb. As pistas (1,4,7,8,10,11,12,13,14,16,19,20,24,25,27,28,29,30) mostram resultados positivos com o gene *bla*$_{ox}$ A em gel de agarose (1,5%) a 60 volts durante (1,5-2) horas.

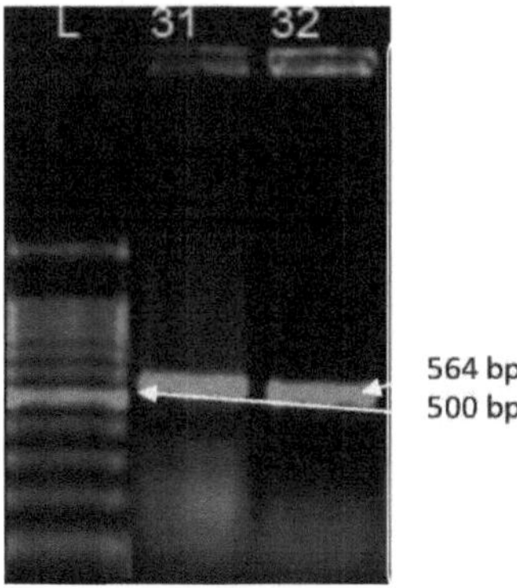

Figura (3-2 B): Produtos de amplificação por PCR de isolados de *P. aeruginosa* que amplificaram com o iniciador do gene *bla*OXA com o tamanho do produto de 564 pb. A pista (L), marcador molecular de ADN (1500-100 bp ladder), as pistas (31,32,) mostram resultados positivos com o gene *bla*OXA em gel de agarose (1,5%) a 60 volts durante (1,5-2) horas.

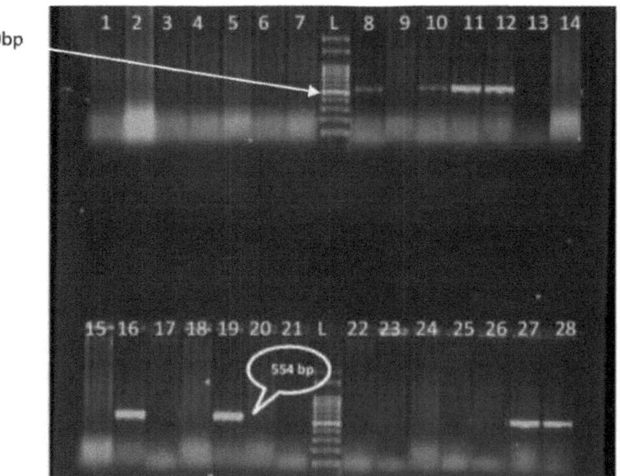

Figura (3-3 A): Produtos de amplificação por PCR de isolados de *P. aeruginosa* que amplificaram com o primer do gene *bla*CTX-M com tamanho de produto de 554 pb. A pista (L), marcador molecular de ADN (1500-100 bp ladder), as pistas (8,10,11,12,16,19,27,28) mostram resultados positivos com o gene *bla*CTX-M em gel de agarose (1,5%) a 60 volts durante (1,5-2) horas.

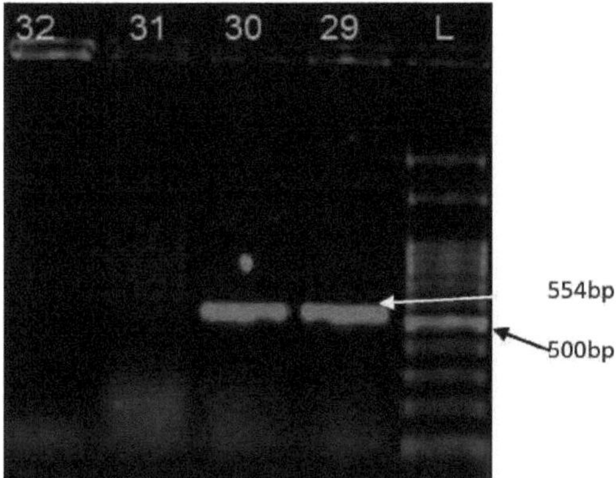

Figura (3-3 B): Produtos de amplificação por PCR de isolados de *P. aeruginosa* que amplificaram com o primer do gene *bla*CTX-M com tamanho de produto de 554 pb. Pista (L), marcador molecular de ADN (escada de 1500-100 pb). As pistas (29,30) mostram resultados positivos com o gene *bla*CTX-M em gel de agarose (1,5%) a 60 volts durante (1,5-2) horas.

3.5. Caracterização molecular dos genes resistentes aos carbapenemes

Os carbapenemes são considerados o tratamento de eleição contra infecções graves associadas a MDR (Shanthi *et al.*, 2014). Em vários estudos realizados em todo o mundo, foi observada uma resistência variável (4% a 76%) ao imipenem e ao meropenem (Japoni *et al.*, 2007; Aliçkan *et al.*, 2008; Ranjbar *et al.*, 2011). Nesta investigação, as CIM dos carbapenemes (imipenem e meropenem) foram determinadas utilizando o sistema compacto VITEK-2 e interpretadas de acordo com o CLSI (2012). No entanto, 10 (31,25%) dos 32 isolados de *P. aeruginosa* foram classificados como não susceptíveis a ambos os carbapenemes. Os MICs dos isolados resistentes a imipenem e meropenem ≥ 16 µg/ml cada. A resistência aos carbapenemes, especialmente em *P. aeruginosa,* pode ser resultado do aumento da expressão da bomba de efluxo, da superprodução de AmpC ou da produção de carbapenemases (Lister *et al.*, 2009; Sardelic *et al.*, 2012). As carbapenemases são associadas na classificação de Ambler como β-lactamases de classe A, B e D (Queenan e Bush, 2007). Há relatos frequentes de produção de carbapenemases em *P. aeruginosa* de diferentes partes do mundo, com frequência crescente nos últimos anos (Riera *et al.*, 2011; Wan Nor Amilah *et al.*, 2012; Yanlk *et al.*, 2013). Anteriormente, a produção de β-lactamase hidrolisante de carbapenem foi registada em (38,9%) isolados clínicos de *P. aeruginosa* de hospitais de Al-Najaf (Al-Shara, 2013). Um ano mais tarde, (17,2%) produtores de carbapenemase de *P. aeruginosa* foram recuperados de hospitais de Al-Nasseryia (Abdul-Wahid, 2014). Recentemente, (25%) das *P. aeruginosa* (obtidas de pacientes visitados nos hospitais de Najaf) exibiram resistência ao imipenem e ao meropenem e eram produtoras de carbpenemase (Resol, 2015).

Relativamente, pouco se sabe sobre a disseminação de enzimas de hidrólise de carbapenemes no Iraque. As MBL da classe B são, de longe, os principais determinantes da resistência aos carbapenemes mediada por β-lactamase e a principal causa da resistência de alto nível a estes antibióticos. As MBL adquiridas incluem as enzimas VIM e IMP, bem como as enzimas SPM-1, GIM-1, NDM-1, AIM-1 e SIM-1 (Poole, 2011). As enzimas IMP e VIM são, de longe, as MBL mais comuns encontradas em *P. aeruginosa* resistente a carbapenem no Iraque (Al-Shara, 2013; Abdul-Wahid, 2014; Resol, 2015). Até à data, foram descritos quatro tipos de enzimas MBL em isolados clínicos de *P. aeruginosa* -VIM, tipo IMP, SPM e, mais recentemente, o tipo NDM encontrado entre isolados clínicos de hospitais de Al-Najaf (Al-Shara,

2013; Al-Shara *et al.*, 2014). Neste estudo, a PCR foi realizada no ADN genómico utilizando primers para os seguintes genes codificadores de carbapenemases: *bla*$_{IMP}$ e *bla*$_{VIM}$ (metalo-β-lactamase de classe B de Ambler) e *bla*$_{KPC}$ (carbapenemase de classe A de Ambler). O presente estudo revelou que 7 (21,875%) isolados resistentes aos carbapenemes eram produtores de MBL e todos eram portadores do gene *bla*$_{VIM}$ (Figura 3-4). Este tipo de MBL tem sido amplamente descrito em todo o mundo. Estudos recentes efectuados no Iraque revelaram que 11,1%, 17,2% e 38,5% dos isolados de *P. aeruginosa* resistentes aos carbapenemes eram positivos para o gene blaVIM (Al-Shara, 2013); Abdul-Wahid, 2014; Resol, 2015). *A P. aeruginosa* VIM-positiva foi notificada como causa de numerosas infecções nosocomiais na Arábia Saudita (Guerin *et al.*, 2005), Índia (Toleman *et al.*, 2007), Coreia (Lee *et al.*, 2002), China (Yu *et al.*, 2006), Turquia (Yakupogullari *et al,* 2008), Itália (Lagatolla *et al.*, 2004), Espanha (Pena *et al.*, 2007), Portugal (Pena *et al.*, 2005), Polónia (Patzer *et al.*, 2005), Rússia (Toleman *et al.*, 2007), Irlanda (Walsh e Rogers, 2007) e EUA (Lolans *et al.*, 2005). Em *P. aeruginosa*, a VIM é atualmente a MBL mais difundida que está associada à localização do seu gene codificador. Verificou-se que o *bla*$_{VIM}$ é transportado em elementos móveis conhecidos como cassetes de genes. Estes são inseridos no integrão de classe 1. Os genes de resistência localizados em integrões proporcionam-lhes um maior potencial de expressão e disseminação (Yu *et al.*, 2006).

Neste estudo, não foram detectados os genes blaIMP e blaKPC. Ao contrário das *Enterobacteriaceae,* os isolados de *P. aeruginosa* que expressam a carbapenemase KPC parecem ser geograficamente limitados. O primeiro isolado de *P. aeruginosa* caracterizado como produtor de KPC foi recolhido na Colômbia e registado em 2007 (Villegas *et al.*, 2007), e subsequentemente em Porto Rico (Wolter *et al.*, 2009), nos Estados Unidos (Poirel *et al.*, 2010b), na China (Ge *et al.*, 2011) e recentemente no Iraque (Resol, 2015).

Nesta investigação, uma caraterística particularmente importante foi o facto de todos os isolados que albergavam genes de resistência aos carbapenemes terem um fenótipo de resistência à PDR, e três (42,8%) deles terem morrido. Estes isolados eram completamente resistentes às penicilinas (piperacilina e ticarcilina), às combinações de inibidores da β- lactam/β-lactamase (piperacilina-tazobactam e ticarcilina-ácido clavulânico), ceftazidima, cefepima, imipenem, meropenem, amicacina, gentamicina, tobramicina, ciprofloxacina, minociclina e trimetoprim-sulfametoxazol. A disseminação descontrolada de isolados produtores de carbapenemases nos hospitais iraquianos pode levar a falhas no tratamento com aumento da morbilidade e da mortalidade. O presente estudo sugere que a identificação precoce e exacta da *P. aeruginosa* produtora de carbapenemase pode evitar a disseminação futura destes isolados de PDR.

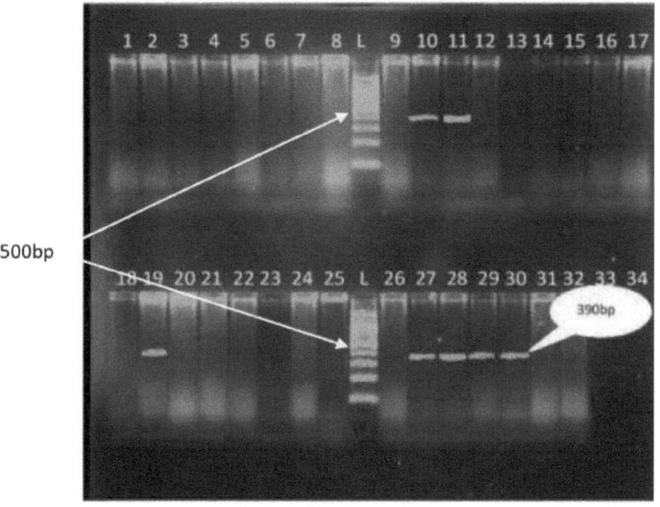

Figura (3-4) Produtos de amplificação por PCR de isolados de *P. aeruginosa* que amplificaram com o primer do gene *bla*$_{VIM}$ com tamanho de produto de 390 pb. Pista (L), marcador molecular de ADN (1500-100 bp ladder). As pistas (10,11,19,27,28,29,30) mostram resultados positivos com o gene *bla*$_{VIM}$ em gel de agarose (1,5%) a 60 volts durante (1,5-2) horas.

3.6. Despistagem dos genes de resistência aos aminoglicosídeos

No Iraque, vários aminoglicosídeos são habitualmente utilizados no tratamento de infecções por *P. aeruginosa*, por exemplo, a tobramicina, a gentamicina e a amicacina. No entanto, a sua utilização pode estar associada ao desenvolvimento de resistência, com enzimas modificadoras de aminoglicosídeos adquiridas, metilases do 16S rRNA, impermeabilidade da membrana externa ou mecanismos de efluxo multi-fármacos activos (Poole, 2005). Entre eles, a inativação de fármacos por enzimas modificadoras de aminoglicosídeos codificadas por plasmídeos é o principal mecanismo de resistência nos hospitais de Al-Najaf e Al-Nasseryia (Abdul-Wahid, 2014; Resol, 2015). Além disso, foram identificados genes de metilase 16S rRNA em várias *P. aeruginosa* nosocomiais em Bagdade, conferindo um elevado nível de resistência a todos os aminoglicosídeos clinicamente importantes, incluindo a amicacina (Al-Kadmy 2012). Devido à disseminação dos genes de resistência aos aminoglicosídeos e à considerável variabilidade geográfica, é necessária uma monitorização periódica da taxa e do padrão de resistência.

Os 32 isolados de *P. aeruginosa* apresentaram graus variáveis de suscetibilidade aos aminoglicosídeos, conforme avaliado pelo sistema automatizado VITEK-2 compact. Com base nos resultados, os 32 isolados foram separados em quatro grupos. No primeiro grupo, 8 (25%) isolados exibiram resistência a todos os aminoglicosídeos testados (gentamicina, tobramicina e amicacina). No segundo grupo, 1 (3,1%) isolado mostrou-se resistente à gentamicina, mas suscetível à tobramicina e intermédio à amicacina. No terceiro grupo, 1 (3,1%) isolado demonstrou ser resistente à gentamicina e à tobramicina, mas suscetível à amicacina. Por último, no quarto grupo, 22 (68,8%) isolados eram susceptíveis a todos os aminoglicosídeos testados (Figura 3-5). Todos os 32 isolados foram analisados quanto à presença de genes codificadores de acetiltransferases de aminoglicosídeos *[aac(3)-I, aac(6')-I , aac(6')-Ib]*. Os genes das acetiltransferases de aminoglicosídeos, incluindo *aac(6')-I* e *aac(6')-Ib,* estavam presentes em 12 (37,5%) e 15 (46,9%) dos isolados, respetivamente (Figura 3-6 e Figura 3-7). Nenhum isolado foi positivo para o gene *aac(3)-I.* No entanto, a combinação de *aac(6')-I+ aac(6')-Ib* foi detectada em 12 (37,5%) isolados. Este achado está de acordo com o estudo realizado em Al-Nasseryia, onde os genes *aac(6')-I* e *aac(6')-Ib* foram os mais frequentes, e a maioria do gene *aac(6')-Ib* estava presente como um único (Abdul-Wahid, 2014). Na Bélgica, em França e na Grécia, onde a amicacina tem sido utilizada mais extensivamente do que noutros países europeus, a incidência de *aac(6')-I,* uma enzima que produz resistência à amicacina, foi também muito mais elevada (Vakulenko e Mobashery, 2003). Neste estudo, um dos isolados portadores de *aac(6')-I* e *aac(6')-Ib* era suscetível à amicacina (de acordo com os pontos de rutura do CLSI), mas permaneceu resistente à gentamicina. Além disso, 6 dos 15 isolados com *aac(6')-Ib* e/ou *aac(6')-I* foram susceptíveis a todos os aminoglicosídeos testados. Em comparação com os resultados dos testes de suscetibilidade antimicrobiana, os resultados da PCR não se correlacionaram bem. *aac(6')-I* e *aac(6')~ Ib* confere resistência à amicacina, tobramicina, canamicina, netilmicina e sisomicina, mas não à gentamicina (Miró *et al.*, 2013). No entanto, em *P. aeruginosa,* a presença do gene *aac(6')-Ib* também pode estar associada a uma menor suscetibilidade à gentamicina (Dubois *et al.*, 2008). Casin *et al.* (1998) estudaram variantes de ocorrência natural do *aac(6')-Ib* que tinham um resíduo de serina em vez de um resíduo de leucina na posição 119. Uma mudança de leucina para serina nesta posição conferiu um perfil de substrato alterado, em que a *aac(6')-Ib* mutante conferiu resistência à gentamicina em vez da resistência à amicacina observada na enzima de tipo selvagem. Além disso, foi demonstrado que as modificações da sequência de aminoácidos das proteínas *aac(6')-I* influenciam as suas actividades enzimáticas (Dubois *et al.*, 2008). Assim, podem ser observados diferentes fenótipos de resistência aos aminoglicosídeos com o mesmo gene, e as técnicas moleculares testadas nesta investigação são indispensáveis para elucidar os mecanismos de resistência. Além disso, em *P. aeruginosa,* devido à combinação de vários mecanismos e níveis variáveis da sua expressão, os mecanismos envolvidos não podem ser facilmente inferidos a partir dos perfis de resistência. No entanto, um estudo recente em Al-Nasiriya e Al-Najaf relatado por Abdul-Wahid (2014) e Resol (2015) também descreveu essas descobertas.

Tabela (3-8) : Distribuição de genes de aminoglicosídeos entre os isolados *de P. aeruginosa* analisados (n=32)

Type of gene	No. of isolates (%)	Aminoglycosides resistant protile	Isolate code No.
aac(6')-1+aac(6')-1b	8 (25%)	AN,GM,TM	P10, P11, P16, P19, P27, P28, P29,P30.
	1(3.1)%	GM,TM	P12
	3(9.4)%		P13, P14, P24.
aac(6')-1b	3	–	P18, P23, P25
No gene	16(50%)	–	P1, P2, P3, P4, P5, P6, P7, P9,P15, P17, P20, P21, P22, P26, P31, P32
	1(3.1)	GM	P8.

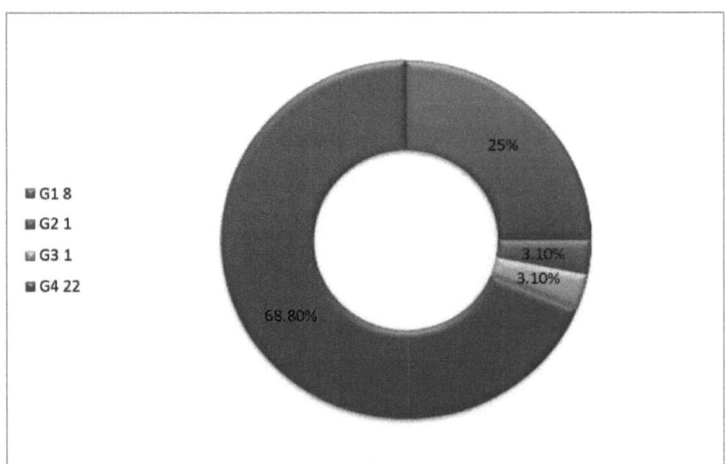

Figura (3-5): Perfis de resistência aos aminoglicosídeos de 32 isolados de *P. aeruginosa*. G1, resistente a todos os aminoglicosídeos; G2, resistente à gentamicina mas suscetível à tobramicina e intermédio à amicacina; G3, resistente à gentamicina e à tobramicina mas suscetível à amicacina; G4, suscetível a todos os aminoglicosídeos.

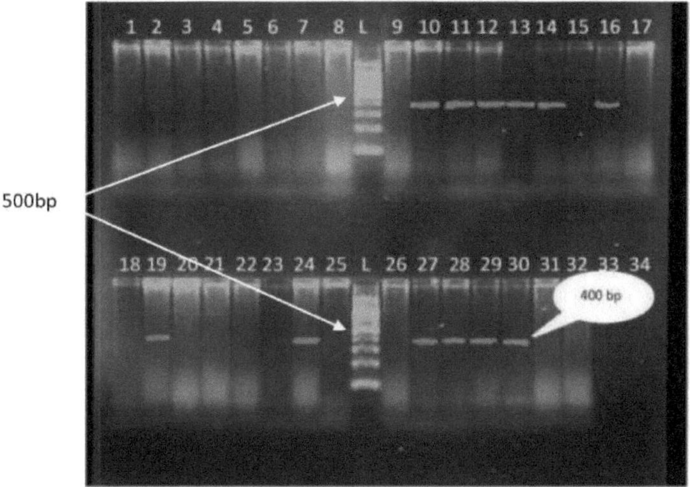

Figura (3-6) Produtos de amplificação por PCR de isolados de *P. aeruginosa* que amplificaram com o iniciador do gene *aac(6')-I* com um produto de tamanho 400 pb. Pista (L), marcador molecular de ADN (1500-100 pb). As linhas (10,11,12,13,14,16,19, 24,27,28,29,30) apresentam resultados positivos com o gene *aac(6')-I* em gel de agarose (1,5%) a 60 volts durante (1,5-2) horas.

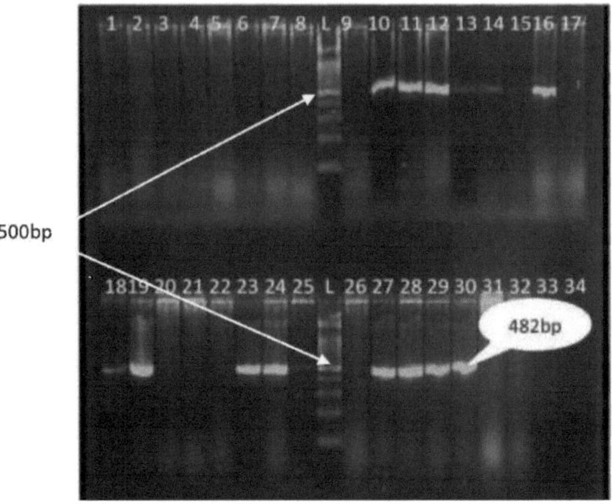

Figura (3-7) Produtos de amplificação por PCR de isolados de *P. aeruginosa* que amplificaram com o iniciador do gene *aac(6)-Ib* com um tamanho de produto de 482 pb. Pista (L), marcador molecular de ADN (1500-100 pb).

As linhas (10,11,12,13,14,16,18,19,23,24,25,27,28,29,30) mostram resultados positivos com o gene *aac(6)-I* em gel de agarose (1,5%) a 60 volts durante (1,5-2) horas.

3.7. Coprodução de genes *bla* e genes resistentes a aminoglicosídeos

Há vários relatórios que mostram que os genes ESBL estão frequentemente ligados a outros determinantes de resistência, como a carbapenemase e os genes de resistência aos aminoglicosídeos, pelo que os isolados podem ser resistentes não só às penicilinas e cefalosporinas, mas também aos carbapenemes e aminoglicosídeos (Bogaerts *et al.*, 2007; Berçot, 2008). Este estudo também mostrou que alguns isolados ESBL-positivos tinham níveis elevados de resistência às cefalosporinas, carbapenemes, aminoglicosídeos e fluoroquinolonas. O facto de tanto os genes da β-lactamase como os genes de resistência aos aminoglicosídeos terem sido encontrados no mesmo plasmídeo levantou a possibilidade de fazerem parte de uma estrutura do tipo integrão (Hall e Collis, 1995). Foram investigadas as combinações de β-lactamases (oxacilinase de classe D, carbapenemase de classe A, metalo-β-lactamases de classe B, carbapenemase de classe D) e de genes de resistência aos aminoglicosídeos nos 32 isolados de *P. aeruginosa*. Os resultados revelaram que foram observadas 5 combinações diferentes e 2 genes únicos entre os isolados (Tabela 3-9). As combinações mais frequentes *(bia$_i$ $_{OXA}$ + bla$_{cT}$ $_{X-M}$ + bla$_{VIM}$ + aac(6')I + aac(6')Ib),(bla$_{OXA}$ + aac(6')I + aac(6')Ib),(bla$_{OXA}$ + bla$_{CTX-M}$ + aac(6')I + aac(6')Ib),* foram detectadas em 7, 3 e 2 isolados, respetivamente. Mugnier *et al.* (1996) referiram que *o aac(6')Ib* foi identificado em vários isolados clínicos Gram-negativos, incluindo uma estirpe de *P. aeruginosa* que possuía um integrão de classe 1 contendo uma cassete de genes que codifica o OXA-10. Além disso, o gene bla$_{VIM-1}$ faz parte de uma cassete de genes inserida no integrão de classe 1 In, que também incluía um bla$_{OXA-10}$, o gene que codifica a integrase e o gene que codifica a resistência aos aminoglicosídeos, *aacA4* (Strateva e Yordanov, 2009; Sardelic *et al.*, 2012). Além disso, um estudo pormenorizado num hospital coreano revelou a disseminação do *bla*$_{VIM}$, ligado ao *aac(6')-Ib,* em múltiplos isolados de *P. aeruginosa* (Livermore, 2002).

Por fim, estudos anteriores e a presente investigação concluíram que *a P. aeruginosa* é um agente patogénico nosocomial distintamente problemático nos hospitais de Al-Najaf (Belal, 2010; Al-Muhannak, 2010; Al-Shara, 2013; Resol, 2015) devido ao seguinte: a resistência natural da espécie a muitas classes de antibióticos; a sua capacidade de adquirir resistência contra todos os tratamentos relevantes; as suas elevadas taxas de resistência; e a implicação frequente em infecções graves. A MDR XDR e a PDR são comuns nos hospitais de Al-Najaf. Este problema aumenta com a incidência de integrões que transportam cassetes de genes que codificam ESBLs, carbapenemases e enzimas resistentes aos aminoglicosídeos. A MDR, a XDR e a PDR da *P. aeruginosa* tornam o tratamento das infecções causadas por este organismo difícil e dispendioso. São necessários métodos desenvolvidos para testes de suscetibilidade antimicrobiana em hospitais iraquianos, incluindo a deteção de isolados emergentes que produzem ESBLs, MBLs e enzimas resistentes a aminoglicosídeos.

Tabela (3-9): Combinações de alguns genes de resistência em 32 *P. aeruginosa* isoladas de doentes em Al-Sader Medical City (n= 32)

Occurrence of genes	No. of isolates	Isolates code No.	No. of genes
$bla_{OXA} + bla_{CTX-M} + bla_{VIM}$ + aac(6')I + aac(6')Ib	7	P10, P11, P19, P27, P28, P29, P30	5
$bla_{OXA} + bla_{CTX-M} + aac(6')I$ + aac(6')Ib	2	P12, P16	4
$bla_{OXA} + aac(6')I +$ aac(6')Ib	3	P13, P14, P24	3
$bla_{OXA} + bla_{CTX-M}$	1	P8	2
$bla_{OXA} + aac(6')Ib$	1	P25	2
bla_{OXA}	6	P1, P4, P7, P20, P31, P32	1
aac(6')Ib	2	P18, P23	1
No gene	10	P2, P3, P5, P6, P9, P15, P17, P21, P22, P26,	0

Conclusões e recomendações

Recomendações

1. São necessários métodos melhorados para o teste de suscetibilidade antimicrobiana nos hospitais iraquianos, incluindo a deteção de isolados emergentes que produzem ESBLs e carbapenemase.

2. Políticas antimicrobianas prudentes combinadas com boas práticas de controlo de infecções podem garantir uma limitação do desenvolvimento e da propagação de isolados de PDR

3. Investigação da prevalência a nível nacional de β-lactamases Ambler de classe A, B e D e dos seus derivados de espetro alargado em isolados clínicos de *P. aeruginosa*.

Conclusões

1. Os níveis de isolados de *P. aeruginosa* MDR, XDR e PDR eram indubitavelmente elevados.
2. Os isolados de *P. aeruginosa* que contêm β-lactamases do tipo OXA- CTX-M e VIM estão atualmente amplamente distribuídos na província de Al-Najaf
3. Os genes de resistência aos aminoglicosídeos *aac(6')-I* e *aac(6')-Ib* foram detectados com elevada frequência entre os isolados.

Apêndices

(Apêndice 3): Crescimento dos isolados de *P. aeruginosa* em meio
CHROMagar™ Pseudomonas .

(Appendix 2): MICs result of *P. aeruginosa* isolates with VITEK-2 compact system

| Isolate symbol | sample source | Penicillins | | β-lactams - lactamase inhibitor combinations | | Cephems | | Penems | | Aminoglycosides | | | Quinolones | Tetracyclines | Folate pathway inhibitors |
		Ticarcillin	Piperacillin	Ticarcillin -clavulanic acid	Piperacillin - tazobactam	Ceftazidime	Cefepime	Imipenem	Meropenem	Amikacin	Gentamicin	Tobramycin	Ciprofloxacin	Minocycline	Trimethoprim - Sulfamethoxazole
p1	S.W	32	8	32	8	4	2	2	≤0.25	≤2	≤1	≤1	≤0.25	≥16	80
p2	B.W	32	8	32	8	4	2	2	≤0.25	≤2	≤1	≤1	≤0.25	≥16	80
p3	B.W	32	8	32	8	4	2	2	≤0.25	≤2	≤1	≤1	≤0.25	≥16	80
p4	B.W	32	8	32	8	4	2	2	≤0.25	≤2	≤1	≤1	≤0.25	≥16	80
p5	B.W	64	16	64	16	8	4	2	≤0.25	≤2	2	≤1	≤0.25	≥16	80
p6	B.W	32	8	32	8	4	2	2	≤0.25	≤2	≤1	≤1	≤0.25	≥16	80
p7	B.W	32	8	32	8	4	2	2	≤0.25	≤2	≤1	≤1	≤0.25	≥16	80
p8	B.W	≥128	≥128	≥128	≥128	≥64	≥64	≥16	≥16	32	≥16	2	≥4	≥16	≥320
p9	B.W	32	8	32	8	4	2	2	≤0.25	≤2	≤1	≤1	≤0.25	≥16	80
p10	B.W	≥128	≥128	≥128	≥128	≥64	≥64	≥16	≥16	≥64	≥16	≥16	≥4	≥16	≥320
p11	B.W	≥128	≥128	≥128	≥128	≥64	≥64	≥16	≥16	≥64	≥16	≥16	≥4	≥16	≥320
p12	I.N	≥128	≥128	≥128	≥128	≥64	≥64	≥16	≥16	16	≥16	≥16	≤0.25	≥16	≥320
p13	B.W	32	8	32	8	4	2	2	≤0.25	≤2	≤1	≤1	≤0.25	≥16	80

p14	B.W	64	≤4	≤8	≤4	4	8	1	1	8	2	2	≤0.25	8	≤20
p15	B.W	64	≤4	≤8	≤4	4	8	1	1	8	2	2	0.5	8	≤20
p16	B.W	≥128	≥128	≥128	≥128	≥64	≥64	≥16	≥16	≥64	≥16	≥16	≥4	8	≥320
p17	B.W	64	8	32	8	4	2	2	≤0.25	≤2	2	≤1	≤0.25	≥16	80
p18	B.W	64	≤4	≤8	≤4	4	8	1	≤0.25	4	2	2	≤0.25	8	≤20
p19	B.W	≥128	≥128	≥128	≥128	≥64	≥64	≥16	≥16	≥64	≥16	≥16	≥4	≥16	≥320
p20	S.W	32	8	32	16	4	2	2	≤0.25	≤2	≤1	≤1	≤0.25	≥16	160
p21	S.W	64	8	≥128	8	4	2	2	≤0.25	≤2	≤1	≤1	≤0.25	≥16	80
p22	D.I	32	8	32	8	4	2	2	≤0.25	≤2	≤1	≤1	≤0.25	≥16	160
p23	F.L	≤8	≤4	≤8	≤4	≤1	≤1	0.5	≤0.25	≤2	≤1	≤1	≤0.25	8	≤20
p24	I.N	≤8	≤4	≤8	≤4	≤1	≤1	0.5	≤0.25	≤2	≤1	≤1	≤0.25	4	≤20
p25	B.W	16	≤4	≤8	≤4	≤1	≤1	≥16	1	≤2	≤1	≤1	≤0.25	8	≤20
p26	B.W	32	8	32	8	4	2	2	≤0.25	≤2	≤1	≤1	≤0.25	≥16	80
p27	B.W	≥128	≥128	≥128	≥128	≥64	≥64	≥16	≥16	≥64	≥16	≥16	≥4	≥16	≥320
p28	B.W	≥128	≥128	≥128	≥128	≥64	≥64	≥16	≥16	≥64	≥16	≥16	≥4	≥16	≥320
p29	B.W	≥128	≥128	≥128	≥128	≥64	≥64	≥16	≥16	≥64	≥16	≥16	≥4	≥16	≥320
p30	B.W	≥128	≥128	≥128	≥128	≥64	≥64	≥16	≥16	≥64	≥16	≥16	≥4	≥16	≥320
p31	B.W	≥128	8	32	8	4	2	2	≤0.25	≤2	≤1	≤1	≤0.25	≥16	80
p32	F.L	32	8	32	8	4	2	2	≤0.25	≤2	≤1	≤1	≤0.25	≥16	80

S.W: surgical wound, B.W: burn wound, I.N: instruments, D.I: disinfectant, F.L: floor

Apêndices

(Apêndice 1-A): Resultado final da identificação de isolados de *P. aeruginosa* com o sistema VITEK-2 compact

Biochemical Details															
2	APPA	-	3	ADO	-	4	PyrA	-	5	IARL	-	7	dCEL	-	9	BGAL	-
10	H2S	-	11	BNAG	-	12	AGLTp	-	13	Dglu	+	14	GGT	+	15	OFF	-
17	BGLU	-	18	dMAL	-	19	dMAN	+	20	dMNE	+	21	BXYL	-	22	BAlap	+
23	ProA	+	26	LIP	+	27	PLE	-	29	TyrA	-	31	URE	-	32	dSOR	-
33	SAC	-	34	dTAG	-	35	dTRE	-	36	CIT	+	37	MNT	+	39	5KG	-
40	ILATK	+	41	AGLU	-	42	SUCT	+	43	NAGA	-	44	AGAL	-	45	PHOS	-
46	GlyA	-	47	ODC	-	48	LDC	-	53	IHISa	-	56	CMT	+	57	BGUR	-
58	O129R	+	59	GGAA	-	61	IMLTa	+	62	ELLM	-	64	ILATa	-			

(Apêndice 1-B):Sistema compacto VITEK-2 com cartão GN-IDconteúdos

Well	Test	Code	Amount/well
2	Ala-Phe-Pro-ARYLAMIDASE	APPA	0.0384 mg
3	ADONITOL	ADO	0.1875mg
4	L-Pyrrolydonyl-ARYLAMIDASE	PyrA	0.018 mg
5	L-ARABITOL	IARL	0.3 mg
7	D-CELLOBIOSE	dCEL	0.3 mg
9	BETA-GALACTOSIDASE	BGAL	0.036 mg
10	H2S PRODUCTION	H2S	0.0024 mg
11	BETA-N-ACETYL-GLUCOSAMINIDASE	BNAG	0.04808 mg
12	GlutamylArylamidasepNA	AGLTp	0.0324 mg

13	D-GLUCOSE	dGLU	0.3 mg
14	GAMMA-GLUTAMYL-TRANSFERASE	GGT	0.0228 mg
15	FERMENTATION/GLUCOSE	OFF	0.45 mg
17	BETA-GLUCOSIDASE	BGLU	0.036 mg
18	D-MALTOSE	dMAL	0.3 mg
19	D-MANNITOL	dMAN	0.1875 mg
20	D-MANNOSE	dMNE	0.3 mg
21	BETA-XYLOSIDASE	BXYL	0.0324 mg
22	BETA-Alanine arylamidasepNA	BAlap	0.0174 mg
23	L-Proline ARYLAMIDASE	ProA	0.0234 mg
26	LIPASE	LIP	0.0192 mg
27	PALATINOSE	PLE	0.3 mg
29	Tyrosine ARYLAMIDASE	TyrA	0.0276 mg
31	UREASE	URE	0.15 mg
32	D-SORBITOL	dSOR	0.1875 mg
33	SACCHAROSE/SUCROSE	SAC	0.3 mg
34	D-TAGATOSE	dTAG	0.3 mg
35	D-TREHALOSE	dTRE	0.3 mg
36	CITRATE (SODIUM)	CIT	0.054 mg
37	MALONATE	MNT	0.15 mg
39	5-KETO-D-GLUCONATE	5KG	0.3 mg
40	L-LACTATE alkalinization	lLATk	0.15 mg
41	ALPHA-GLUCOSIDASE	AGLU	0.036 mg
42	SUCCINATE alkalinization	SUCT	0.15 mg
43	Beta-N-ACETYL-GALACTOSAMINIDASE	NAGA	0.0306 mg

44	ALPHA-GALACTOSIDASE	AGAL	0.036 mg
45	PHOSPHATASE	PHOS	0.0504 mg
46	Glycine ARYLAMIDASE	GlyA	0.012 mg
47	ORNITHINE DECARBOXYLASE	ODC	0.3 mg
48	LYSINE DECARBOXYLASE	LDC	0.15 mg
52	DECARBOXYLASE BASE	0DEC	N/A
53	L-HISTIDINE assimilation	IHISa	0.087 mg
56	COUMARATE	CMT	0.126 mg
57	BETA-GLUCORONIDASE	BGUR	0.0378 mg
58	O/129 RESISTANCE (comp.vibrio)	O129R	0.0105 mg
59	Glu-Gly-Arg-ARYLAMIDASE	GGAA	0.0576 mg
61	L-MALATE assimilation	IMLTa	0.042 mg
62	ELLMAN	ELLM	0.03 mg
64	L-LACTATE assimilatio	ILATa	0.186mg

Referências

Abdul-Wahid, A.A.(2014). Disseminação da resistência aos Aminoglicosídeos em isolados de *Pseudomonas aeruginosa* em hospitais de Al-Nasseryia. Tese de Mestrado. Faculdade de Medicina. Universidade de Kufa. Iraque.

Aggarwal, R. e Chaudhary, U. (2004). Extended spectrum -β-lactamases (ESBL) - uma ameaça emergente à terapêutica clínica. Indian J. Med. Microbiol, 22 (2):75-80.

Aghazadeh, M.; Hojabri, Z.; Mahdian, R.; Nahaei, M.R.; Rahmati, M.; Hojabri, T.; Pirzadeh, T. e Pajand, O. (2014). Papel das bombas de efluxo: MexAB-OprM e MexXY (-OprA), cefalosporinase AmpC e porina OprD em *Pseudomonas aeruginosa* produtora de não-metalo-β-lactamase isolada de pacientes com fibrose cística e queimaduras. Infection, Genetics and Evolution. 24:187-192.

Al Naiemi, N. A.;Duim, B.; Savelkoul, P. H. M.; Spanjaard, L.; de Jonge, E.; Bart, A.; Vandenbroucke-Grauls, C. M. e de Jong, M. D. (2005). Transferência generalizada de genes de resistência entre espécies bacterianas numa unidade de cuidados intensivos: implicações para a epidemiologia hospitalar. J.Clin. Microbiol, 43:4862 4864.

Al⅛kan, H.; Colakoglu, S.; Turunç, T.; Demiroglu, Y.Z.; Erdogan, F.; Akin, S. e Arslan, H.(2008). Quatro anos de monitorização das taxas de sensibilidade aos antibióticos de estirpes de *Pseudomonas aeruginosa* e *Acinetobacter baumannii* isoladas de doentes em unidades de cuidados intensivos e clínicas de internamento. Mikrobiyol Bul. ,42(2):321-9.

Al-Jasser, A.M. e Elkhizzi, N.A.(2004).Antimicrobial susceptibility pattern of clinical isolates of *Pseudomonas aeruginosa*. Saudi Med. J.,25:780-4.

Al-Kadmy, I.M.S. e Sawsan sajid Al-jubori, S.S.(2012). 16S rRNA Methylation between locally isolated of *Escherichia coli* and *Pseudomonas aeruginosa* Al- Mustansiriyah J. Sci.,23 (5) P: 13-24.

Al-Muhannak, F.H. (2010). Disseminação de algumas betalactamases de espetro alargado em isolados clínicos de bacilos Gram-negativos em Najaf. Tese de Mestrado. Faculdade de Medicina. Universidade de Kufa.

Aloush, V.; Navon-Venezia, S.; Seigman-Igra, Y.; Cabili, S. e Carmeli, Y. (2006). *Pseudomonas aeruginosa* multirresistente: factores de risco e impacto clínico. Antimicrob. Agents Chemother, 50(1):43-48.

Alsehlawi, Z. S.; Alshara, J.M.; Hadi, z. J. e Almohana, A. M,(2014). Primeiro relatório do gene *bla A_{ox-2}* 3 em isolados clínicos de *Acinetobacter baumannii* em hospitais de Najaf-Iraque. International J.Recent Scientific Rese, 5(8):1407-1411.

Al-Shara, J.M.R. (2013). Deteção fenotípica e molecular de *Pseudomonas aeruginosa* resistente a carbapenem em hospitais de Najaf. Tese de doutoramento. Faculdade de Ciências. Universidade de Kufa. Iraque.

Al-Shara, J.M.R.; Alsehlawi, Z.S.R.; Aljameel, D.S.A. Al-Zubbedy, Z.S e Almohana, A.M. (2014). Primeiro relatório de New Delhi Metallo-β - Lactamase (NDM-1) produzindo *Pseudomonas aeruginosa* no Iraque. Jornal de Biologia, Agricultura e Cuidados com a Saúde, 4(14): 2224-3208.

Ambler, R.P. (1980). A estrutura das β-lactamases. Phil. Trans. R. Soc. Lond. B. Biol. Sc., 289:321 331.

Andes, D.R. e Craig, W.A. (2005). Cefalosporinas. Em Princípios e Prática das Doenças Infecciosas. 6th ed. Elsevier, Philadelphia.

Andriole ,VT. (2005). As quinolonas: passado, presente e futuro. Clinical Infectious Diseases;41:S113-S119.

Arora, S. e Bal, M. (2005). AmpC β-lactamase produzindo isolados bacterianos do hospital de Kolkata. Indian J. Med. Res., 122:224-233.

Azimi, L.; Rastegar Lari, A.; Alaghehbandan, R.; Alinejad, F.; Mohammad poor, M. e Rahbar, M. (2012). Bactérias gram-negativas produtoras de KPC entre bebés queimados no Hospital Motahari. Ann. Burns Fire Disasters, 25(2):74-77.

Bartlett, J.M.S. e Stirling, D. (1998). Protocolos de PCR: Methods in molecular biology. 2nd. Humana Press Inc. Totowa. NJ.

Begg, E.J. e Barclay, M.L. (1995). Aminoglicosídeos - 50 anos depois. Br. J. Clin. Pharmacol., 39(6):597-603.

Belal, E.J.K. (2010). Investigação de algumas β-lactamases em isolados clínicos de *Pseudomonas aeruginosa* na cidade de Najaf. Tese de Mestrado. Educação de Raparigas/ Universidade de Kufa. Iraque.

Beno, P.; Krcmery, V. e Demitrovicova, A. (2006). Bacteremia em doentes com cancro causada por bacilos Gram-negativos resistentes à colistina após exposição prévia a ciprofloxacina e/ou colistina. Clinical Microbiol. Infect., 12(5):496-500.

Berçot, B.(2008). Metilases de 16S rRNA mediadas por plasmídeo entre isolados de Enterobacteriaceae produtores de β-Lactamase de espetro alargado. Antimicrob. Agents Chemother. dezembro ., 52 (12): 4526-4527.

Manual de Bacteriologia Sistemática de Bergey (2001). Vol. 2, Ed. N. R. Krieg e J.G. Holt. Williams and Wilkins Publishers, Baltimore

Bogaerts, P., M. Galimand, C. Bauraing, A. Deplano, R. Vanhoof, R. DeMendonca, H. Rodriguez-Villalobos, M. Struelens e Y. Glupczynski. (2007) . Emergência de metilases 16S rRNA resistentes a aminoglicosídeos ArmA e RmtB na Bélgica. J. Antimicrob. Chemother. 59:459-464.

Brooks, G.F.; Butel, J.S. e Morse, S.A. (2007). Bastonetes Gramnegativos entéricos *(Enterobacteriaceae)*. Em Brooks G.F.; Butel, J.S.; Morse, S.A.; Jawetz, Melnick, and Adelberg s Medical Microbiology. 24ª ed., McGraw-Hill, EUA. McGraw-Hill, EUA

Brusselaers, N.; Vogelaers,D. e Blot,S. (2001). O problema crescente da resistência antimicrobiana na unidade de cuidados intensivos. Annals Inten. C., 1:47.

Bukharie, H. A. e Mowafi, H. A. (2010). Padrão de Suscetibilidade Antimicrobiana de *Pseudomonas aeruginosa* e Uso de Antibióticos no Hospital Rei Fahd da Universidade em Khobar, Arábia Saudita. Jornal Científico da Universidade Rei Faisal. Basic and Applied Sc.,11(1): 1431.

Bush, K., Jacoby, G. e Medeiros, A. (1995). Um esquema de classificação funcional para β-lactamases e sua correlação com a estrutura molecular. Antimicrob. Agents Chemother, 39:1211-1233.

Bystrova, O. V.; Lindner, B.; Moll, H.; Kocharova , N. A.; Knirel , Y. A.; Zahringer, U.e Pier, G. B. (2004). Estrutura completa do lipopolissacárido de *Pseudomonas aeruginosa* Immunotype. Biochem.Mosc.,69(2): 170 175.

Carmeli, Y.; Troillet, N.; Eliopoulos, G.M. e Samore, M.H. (1999). Emergência de *Pseudomonas aeruginosa* resistente a antibióticos: comparação dos riscos associados a diferentes agentes antipseudomoniais. Antimicrob. Agents Chemother, 43(6):1379-1382.

Casin, I.; Bordon, F.; Bertin, P.; Coutrot, A.; Podglajen, I.; Brasseur, R. e Collatz, E. (1998). Variantes de 6'-N-acetiltransferase de aminoglicosídeos do tipo Ib com perfil de substrato alterado em isolados clínicos de *Enterobacter cloacae* e *Citrobacter freundii*. Antimicrob. Agents and Chemother, 42:209-215.

Celenza, G.; Pellegrini,C.; Caccamo, M.; Segatore,B.; Amicosante,G. e Perilli,M. (2006). Disseminação dos genes bla (tipo CTX-M) e bla (PER-2) β -lactamase em isolados clínicos de hospitais bolivianos. J.Antimicrob.Chemother. 57, 975 9-78.

Chambers, H.F. (2005). Penicilinas. Em Principles and Practice of Infectious Diseases. 6th ed. Elsevier, Philadelphia.

Chowdhury,G.,Pazhani,G.P.,Nair, G. B.,Ghosh,A. ,e Ramamurthy, T.(2011). Resistência às quinolonas mediada por plasmídeos transferíveis em associação com β-lactamases de espetro alargado e fluoroquinolona-acetilaçãoaminoglicosídeo-6-N-acetil transferase em isolados clínicos de *Vibriofluvialis*. Int.J.Antimicrob. Agents 38, 169-173.

Clarridge III, J. E. (2004). Impacto da análise da sequência do gene 16S rRNA para identificação de bactérias na microbiologia clínica e nas doenças infecciosas. *Clinical Microbiology Reviews,* 17, 840-862.

Collee, J.G.; Fraser, A.G.; Marmiom, B.P. e Simmon, A. (1996). Mackie and McCartenys Practical Medical Microbiology. 4ª ed., Churchill Livingstone Inc., EUA. Churchill Livingstone Inc., EUA.234-125.

Dallenne, C.; Da Costa, A.; Decré, D.; Favier, C. e Arlet, G. (2010). Desenvolvimento de um conjunto de ensaios de PCR multiplex para a deteção de genes que codificam β-lactamases importantes em Enterobacteriaceae. J. Antimicrob. Chemother, 65:490-495.

Davies, J. e Wright, G.D. (1997). Bacterial resistance to aminoglycoside antibiotics. Trends Microbiol, 5(6):234-240.

DeVos, D.; De Chial, M. e Cochez, C. (2001). Estudo do tipo e produção de pioverdina por *Pseudomonas aeruginosa* isolada de doentes com fibrose quística. Archives of Microbio, 175, 384 388.

Drissi, M.; Ahmed, Z.B.; Dehecq, B.; Bakour, R.; Plésiat, P. e Hocquet, D. (2008). Suscetibilidade aos antibióticos e mecanismos de resistência aos β-lactâmicos entre estirpes clínicas de *Pseudomonas aeruginosa:* primeiro relatório na Argélia. Med. Mal. Infect., 38(4): 187-191.

Drlica, K.; Hiasa, H.; Kerns, R.; Malik, M.; Mustaev, A. e Zhao, X. (2009). Quinolones: ação e resistência actualizadas. Curr. Top Med. Chem., 9(11):981-998.

Dubois, V.; Arpin, C.; Dupart, V.; Scavelli, A.; Coulange, L.;

Andre, C.; Fischer, I.; Grobost, F.; Brochet, J.P.; Lagrange, I.; Dutilh, B.; Jullin, J.; Noury, P.; Larribet, G. e Quentin, C. (2008). Taxas e mecanismos de resistência a B-lactâmicos e aminoglicosídeos entre *Pseudomonas aeruginosa* na prática geral francesa (centros de saúde comunitários e privados). J. Antimicrob. Chemother, 62:316-323.

Dunne, W.M. e Hardin, D.J. (2005). Utilização de várias combinações de antibiótico indutor e substrato num formato de ensaio de aproximação de disco para rastreio da indução de AmpC em isolados de doentes de *Pseudomonas. aeruginosa, Enterobacter.* spp., *Citrobacter. spp.* e *Serratia.* spp. Clin. Microbiol., 43(12):5945-5949.

Edson, R.S. e Terrell, C.L. (1999). The aminoglycosides, Mayo Clin. Proc., 74 (5):519-528.

EL-Gamal, MI e Oh CH. (2010). Estado atual dos antibióticos carbapenemes. Curr. Top. Med. Chem.,10:1882-1897.

EL-Shaboury, A.M.F., Soliman, H.M., Sims, G.E., (2007). Fluxo de fase de reboque numa junção em T de impacto horizontal de tamanho igual. Int. Multiphase. Flow 33,411-431.

Falagas, M.E.; Rafailidis, P.I.; Matthaiou, D.K.; Virtzili, S.; Nikita, D.;Michalopoulos, A. (2008). Infecções por *Klebsiella pneumoniae, Pseudomonas aeruginosa* e *Acinetobacter baumannii* resistentes a medicamentos: características e resultados numa série de 28 pacientes. Int. J.

Antimicrob.Agents. ,32(5):450

Fang, G., Rocha, E., Danchin, A. (2005). O quão essenciais são os genes não essenciais? Mol.Biol. *Evol.,* 22. 2147-2156.

Farra, A.; Islam, S.; Stralfors, A.; Sorberg, M. e Wretlind, B. (2008). Papel da proteína da membrana externa OprD e das proteínas de ligação à penicilina na resistência de *Pseudomonas aeruginosa* ao imipenem e ao meropenem. Int. J. Antimicrob. Agents., 31(5):427-433.

Fayroz-Ali, J.M.H. (2012). Deteção de genes de resistência às quinolonas em *Escherichia coli* isolada de pacientes com bacteremia significativa na província de Najaf. Tese de doutoramento. Sc. Universidade da Babilónia. Iraque.

Fonseca, A.P.; Correia, P.; Sousa, J.C. e Tenreiro, R. (2007). Padrões de associação de isolados clínicos de *Pseudomonas aeruginosa* revelados por características de virulência, resistência a antibióticos, serotipo e genótipo. FEMS Immunol. Med. Microbiol., 51(3): 505-516.

Friedland, I.; Gallagher, G.; King, T.e Woods G.L. (2004). Antimicrobial susceptibility patterns in Pseudomonas aeruginosa: data from a multicenter Intensive Care Unit Surveillance Study (ISS) in the United States. J. Chemother, 16:437-441.

Gasink, L.B.; Fishman, N.O.; Weiner, M.G.; Nachamkin, I.; Bilker, W.B. e Lautenbach, E. (2006). *Pseudomonas aeruginosa* resistente a fluoroquinolonas: avaliação de factores de risco e impacto clínico. Am. J. Med., 119(6):19-25.

Ge, C., *et al.* (2011). Identificação de isolados de *Pseudomonas aeruginosa* produtores de KPC-2 na China. J. Antimicrob. Chemother. 66:1184-1186.

Giamarellos-Bourboulis, E. J., Grecka, P., Dionyssiou-Asteriou, A. e Giamarellou, H. (2000). Impacto dos ácidos gordos polinsaturados n-6 no crescimento de *Pseudomonas aeruginosa* multirresistente: interacções com amicacina e ceftazidima. Antimicrob. Agents Chemother, 44:2187 2189.

Giedraitiené, A.; Vitkauskiené, A.; Naginiené, R.; Pavilon, A. (2011). Mecanismos de resistência aos antibióticos de bactérias clinicamente importantes. Medicina (Kaunas), 47(3): 137-146.

Gill, M.M.; Rao, J.U.; Kaleem, F.; Hassan, A.; Khalid, A. e Anjum, R. (2013). Eficácia in vitro da colistina contra *Pseudomonas aeruginosa* resistente a múltiplos fármacos por concentração inibitória mínima. Pak. J. Pharm. Sci., 26(1):7-10.

Golemi-Kotra D., Young Cha J., Meroueh S. O., Vakulenko S. B. e Mobashery S. (2003). Resistência a antibióticos β-lactâmicos e sua mediação pelo domínio sensor da via de sinalização transmembrana sensor-transdutor em *Staphylococcus aureus.* J. Biol. Chem., 278, 18419-18425.

Golshani, Z. e Sharifzadeh, A. (2013). Prevalência do gene da beta-lactamase do tipo *blaoxa10* em estirpes de *Pseudomonas aeruginosa* produtoras de carbapenemases isoladas de doentes em Isfahan. Jundishapur J. of Microbio, 6(5): e9002.

Gómez-Garcés,J.L.,Saéz,D.,Alma- gro,M.,Fernández-Romero,S., Merino,F., Campos,J., and Oteo,J. (2011). Osteomielite associada a *Aeromonas hydrophila* produtora de CTX-M-15: primeira descrição na literatura. Diagn.Microbiol.Infect. Dis. 70, 420-422.

Guerin, F.; Henegar, C.; Spiridon, G.; Launay, O.; Salmon-Ceron, D. e Poyart, C. (2005). Prostatite bacteriana devida a *Pseudomonas aeruginosa* com o gene da metalo-b-lactamase blaVIM-2 da Arábia Saudita. J Antimicrob Chemother 56;601-602.

Gupta, V.(2007). Uma atualização sobre as novas β-lactamases. Indian. J. Med. Res. 126; 417-427.

Gutiérrez, O.; Juan, C.; Cercenado, E.; Navarro, F.; Bouza, E.; Coll, P.; Pérez, JL. e Oliver, A. (2007). Epidemiologia molecular e mecanismos de resistência aos carbapenemes em isolados de *Pseudomonas aeruginosa* de hospitais espanhóis. Antimicrob. Agents Chemother, 51(12):4329-4335.

Hall, R. M. e Collis. C. M. (1995). Cassetes de genes móveis e integrões: captura e disseminação de genes por recombinação específica do local. Mol. Microbiol.,15:593-600.

Hancock, R.; Seihnel, R. e Martin, N.(1990). Proteínas da membrana externa de *Pseudomonas.* Molec Microbiol, 4: 69- 75.

Harvey, R. A., Champe, P. C., Fisher, B. D. (2007). Lippincott's Revisões ilustradas: Microbiologia, 2ª Edição

Hermann, T. (2005). Medicamentos que visam o ribossoma. Curr. Opin. Struct. Biol., 15:355 - 366.

Hermann, T. (2007). Antibióticos aminoglicosídeos: drogas antigas e novas abordagens terapêuticas. Cell. Mol. Life Sci., 64(14):1841-1852.

Higgins, P.G.; Fluit, A.C.; Milatovic, D.; Verhoef, J. e Schmitz, F.J. (2003). Mutações em GyrA, ParC, MexR e NfxB em isolados clínicos de *Pseudomonas aeruginosa*. Int. J. Antimicrob. Agents, 21(5):409-413.

Holt, J.G.; Krieg, N.R.; Sneath, H. A.; Stanley, J. T. e Williams, S.T. (1994). Bergeys manual of determinative bacteriology. 9ª ed., Baltimore; Wiliams and Wilkins, EUA.

Hooper, D.C. (1999). Modo de ação das fluoroquinolonas. *Drogas*.;58(suppl 2):6-10

Horii, T.; Muramatsu, H.; Morita, M. e Maekawa, M. (2003). Characterization of *Pseudomonas aeruginosa* isolates from patients with urinary tract infections during antibiotic therapy. Microbiol. Drug Resist, 9(2):223-229.

Jacoby, G.A. (2005). Mecanismos de resistência às quinolonas. Clin Infect. Dis., 41:120-126.

Jácome, P.R.L.A.; Alves, L.R.; Cabral, A.B.; Lopes, A.C.S. e Maria Amélia Vieira Maciel, M.A.V. (2012). Caracterização fenotípica e molecular da resistência antimicrobiana e fatores de virulência em isolados clínicos de *Pseudomonas aeruginosa* de Recife, Estado de Pernambuco, Brasil. Revista da Sociedade Brasileira de Medicina Tropical, 45(6):707-712.

Japoni, A.; Farshad, S.; Alborzi, A.; Kalani, M. e Mohamadzadegan, R. (2007). Comparação da reação em cadeia da polimerase com primers arbitrários e da tipagem de perfis plasmídicos de estirpes de *Pseudomonas aeruginosa* de doentes queimados e do ambiente hospitalar. Saudi. Med. J.,28(6):899-903.

Jones, R. N., Deshpande, L., Fritsche, T. R. e Sader, H. S. (2004). Determinação da clonalidade epidémica entre estirpes multirresistentes de *Acinetobacter* spp. e *Pseudomonas aeruginosa* no Programa MYSTIC (EUA, 1999 -2003). Diagn. Microbiol. Infect. Dis. 49:211216.

Jung, R.; Fish, D.N.; Obritsch, M.D. e MacLaren R. (2004). Vigilância de *Pseudomonas aeruginosa* multirresistente num hospital universitário urbano de cuidados terciários. J. Hosp. Infect. ,57:105-11.

Kaszab, E.; Szoboszlay, S.; Dobolyi, C.; Hhn, J.; Pék, N. e Kriszt, B. (2011). Perfis de resistência a antibióticos e marcadores de virulência de estirpes de *Pseudomonas aeruginosa* isoladas de compostos. Bio. Tech., 102: 1543- 1548.

Kim, J. Y.; Park, Y. J.; Kwon, H. J.; Han, K.; Kang, M. W. e Woo, G. (2008a). Ocorrência e mecanismos de resistência à amicacina e sua associação com β-lactamases em *Pseudomonas aeruginosa:* um estudo nacional coreano. J. Antimicrobi. Chemother, 62:479-483.

Kim, J.W.; Heo, S.T.; Jin, J.S.; Choi, C.H.; Lee, Y.C.; Jeong, Y.G.; Kim, S.J. e Lee, J.C. (2008b). Caracterização de *Acinetobacter baumannii* portadores de bla (OXA-23), bla (PER-1) e armA num hospital coreano. Clin Microbiol. Infect., 14(7):716-718.

Klausen, M.; Heydorn, A. e Ragas, P. (2003) Biofilm formation by *Pseudomonas aeruginosa* wild type, flagella and type IV pili mutants. Molecular Microbiol, 48:1511- 1524.

Kotsakis, S.D.; Papagiannitsis, C.C.; Tzelepi, E.; Legakis, N.J.; Miriagou, V. e Tzouvelekis, L.S. (2010). GES-13, uma variante de β-lactamase que possui Lys-104 e Asn-170 em *Pseudomonas. aeruginosa.* Antimicrob. Agents Chemother, 54(3):1331-1333.

Lagatolla, C.; Tonin, E.; Bragadin, C.; Dolzani, L.; Gombac, F.; Bearzi, C.; Edalucci, E.; Gionechetti, F. e Rossolini, G. M. (2004). *Pseudomonas aeruginosa* endémica resistente aos carbapenemes com determinantes de metalo β-lactamase adquiridos num hospital europeu. Emerg. Infect. Dis. 10,535-538.

Lambert, P.A. (2002). Mechanisms of antibiotic resistance in *Pseudomonas. aeruginosa.* J. The Royal Soc. Med., 95(41):22-26.

Lanotte, P.; Watt,S. e Mereghetti, L. (2004). Características genéticas de isolados de *Pseudomonas aeruginosa* de doentes com fibrose quística comparadas com as de isolados de outras origens. J.Med. Microbio, 53: 73- 81.

Lee, J.K.; Lee, Y.S.; Park, Y.K. e Kim, B.S. (2005b). Alterações nas subunidades GyrA e GyrB da topoisomerase II e nas subunidades ParC e ParE da topoisomerase IV em isolados clínicos de *Pseudomonas aeruginosa* resistentes à ciprofloxacina. Int. J. Antimicrob. Agents, 25(4):290-295.

Lee, K.; Lim, J. B.; Yum, J. H.; Yong, D. ; Chong, Y. ; Kim, J. M. e Livermore, D. M,(2002). *blaVIM-2* cassette-containing novel integrons in metallo- β-lactamase-producing *Pseudomonas aeruginosa* and *Pseudomonas putida* isolates disseminated in a Korean hospital. Antimicrob.Agents Chemother, 46:1053 1058.

Lee, K.; Yum, J.H.; Yong, D.; Lee, H.M.; Kim, H.D.; Docquier, J.D.; Rossolini, G.M.; e Chong, Y. (2005a). Novo gene de metalo- β-lactamase adquirido, blaSIM-1, num integrão de classe 1 de isolados clínicos de *Acinetobacter baumannii* da Coreia. Antimicrob. Agents Chemother, 49(11):4485-4491.

Lee, S.; Park, Y.; Kim, M.; Lee,H.K.; Kang, K.C.S. e Kang, M.W. (2005). Prevalência de β-lactamases Ambler classe A e D entre isolados clínicos de *Pseudomonas aeruginosa* na Coreia. J. of Antimicrobi. Chemother. , 56, 122-127.

Li, J.; Nation, R.L.; Turnidge, J.D.; Milne, R.W.; Coulthard, K. e Rayner, C.R. (2006). Colistin: the re-emerging antibiotic for multidrugresistant Gram-negative bacterial infections. Lancet Infect. Dis.,6(9):589-601.

Li, X. Z., Livermore, D. M. e Nikaido, H. (1994) (a). Role of efflux pump(s) in intrinsic of *Pseudomonas aeruginosa*: Resistance to tetracycline, chloramphenicol and norfloxacin. *Antimicrobial Agents* *and Chemotherapy,* 38, 1732-1741.

Lim, K.T.; Yasin, R.M.; Yeo, C.C.; Puthuncheary, S.D.; Balan, G.; Maning, N., *et al.* (2009). Impressão digital genética e perfis de suscetibilidade antimicrobiana de isolados hospitalares de *Pseudomonas aeruginosa* na Malásia. J. Microbial. Immunol. Infect.,42:197-209.

Lister, P.D.; Wolter, D.J. e Hanson, N.D. (2009). *Pseudomonas aeruginosa* resistente a antibacterianos: impacto clínico e regulação complexa de mecanismos de resistência codificados cromossomicamente. Clin. Microbiol. Rev., 22:582-610.

Livermore, D.M. (2001). *Pseudomonas*, porinas, bombas e carbapenemes. J. Antimicrob. Chemother, 47:247-248.

Livermore, D.M. (2012). Epidemiologia atual e resistência crescente dos agentes patogénicos Gram-negativos. Korean J.InternMed.27(2): 128- 142.

Livermore, D.M. (2002). Mecanismos múltiplos de resistência antimicrobiana em *Pseudomonas aeruginosa:* a nossa pior noite de égua. Clin. Infect. Dis., 34:634-40.

Lolans, K.; Queenam, A. M.; Bush, K.; Sahud, A. e Quinn, J. P. (2005). Primeiro surto nosocomial de *Pseudomonas aeruginosa* produtora de metalo-β-lactamase (VIM-2) nos Estados Unidos. Antimicrob. Agents Chemother. 49;3538-3540.

Lucky, H. M.; Teguh, S.; Hartono, E.; Hagni, W. e Enty, T. (2012). Tendência da suscetibilidade aos antibióticos da *Pseudomonas aeruginosa* resistente a múltiplos fármacos em Jacarta e áreas circundantes de 2004 a 2010. African J. Microbiol. Res., 6(9):2222-2229.

MacFaddin, J.F. (2000). Biochemical tests for identification of medical bacteria (3ª ed.), Lippincott Williams and Wilkins, EUA.

Magiorakos, A.P., Srinivasan, A., Carey, R. B., Carmeli Y.,

Falagas,M. E., Giske C.G., Harbarth S., Hindler J. F., Kahlmeter, G., Olsson-Liljequist B., Paterson, D. L.,. Rice, L. B, Stelling, J., Struelens, M. J., Vatopoulos, A., Weber, J. T e Monnet, D. L. (2012). Bactérias multirresistentes, extensivamente resistentes a medicamentos e pan-resistentes a medicamentos: uma proposta de peritos internacionais para definições-padrão provisórias para a resistência adquirida . Clin. Microbio. l Infect., 18: 268281.

Martinez-Martinez, L.; Pascual, A. e Jacoby, G.A. (1998). Resistência às quinolonas a partir de um plasmídeo transferível. Lancet, 351(9105):797-799.

McGowan, J. E. (2006). Resistência em bactérias gram-negativas não fermentadoras: resistência a múltiplos fármacos ao máximo. Am J Infect Control 34; S29-S37.

Micek, S.T.; Lloyd, A.E.; Ritchie, D.J.; Reichley, R.M.; Fraser, V.J. e Kollef, M.H. (2005). *Pseudomonas aeruginosa* na corrente sanguínea infeção: importância de um tratamento antimicrobiano inicial adequado. Antimicrob. Agents Chemother, 49:1306-1311.

Miró, E.; Grünbaum, F.; Gómez, L.; Rivera, A.; Mirelis, B.; Coll, P.; e Navarro, F. (2013). Caracterização de aminoglicosídeos enzimas modificadoras em estirpes clínicas de Enterobacteriaceae e caraterização dos plasmídeos implicados na sua difusão. Microb. Drug Resist, 19(2):94-99.

Mirsalehian, A.; Feizabadi, M.; Nakhjavani, F.; Jabalameli, F.; Goli, H. e Kalantari, N. (2010). Deteção dos genótipos VEB-1, OXA-10 e PER-1 em estirpes de *Pseudomonas aeruginosa* produtoras de β-lactamase de espetro alargado isoladas de doentes queimados. Burns; 36: 70- 74.

Mugnier, P.; Dubrous, P.; Casin, I.; Arlet, G. e Collatz, E. (1996). Uma b-lactamase de espetro alargado derivada de Tem em *Pseudomonas aeruginosa*. Antimicrob. agents and Chemother, 2488-2493

Muramatsu, H.; Horii, T.; Takeshita, A.; Hashimoto, H. e

Maekawa, M. (2005). Caracterização da suscetibilidade às fluoroquinolonas e aos carbapenemes em isolados clínicos de *Pseudomonas aeruginosa* resistentes à levofloxacina. Chemother, 51(2-3):70-75.

Naas, T.; Poirel, L.; Kavim, A. e Nordmann, P. (1999). Caracterização molecular de In50, um integrão de classe 1 que codifica o gene para a beta-lactamase de espetro alargado VEB-1 em *Pseudomonas aeruginosa*. FEMS Microbiol. Lett., 176(2):411-419.

Nordmann, P., e Poirel, L. (2002). Carbapenemases emergentes em aeróbios Gram-negativos. Clin. Microbiol. Infect. 8:321-331.

Nordmann, P.; Poirel, L.; Toleman, M.A.e Walsh, T.R. (2011). Será que a resistência de largo espetro aos β-lactâmicos devido ao NDM-1 anuncia o fim da era dos antibióticos para o tratamento de infecções causadas por bactérias Gram-negativas. J. Antimicrob. Chemother. 66:689- 692.

Ozer1, B.; Duran1, N.; Onlen, Y. e Savas, L. (2012). Genes da bomba de efluxo e resistência antimicrobiana de estirpes de *Pseudomonas aeruginosa* isoladas de infecções do trato respiratório inferior adquiridas numa unidade de cuidados intensivos. Jour. of Antibiot., 65:9-13 .

Palleroni, N. J. (1986). Taxonomia das Pseudomonas, 3-26. *Em* The bacteria - A treatise on structure and function, Vol. X. The Biology of *Pseudomonas*. Ed. J. R. Sokatch. Academic Press, Orlando, Diego

Park, C. H., A. Robicsek, G. A. Jacoby, D. Sahm, e D. C. Hooper. (2006). Prevalência nos Estados Unidos de *aac(6')-Ib-cr* que codifica uma enzima modificadora da ciprofloxacina. Antimicrob. Agents Chemother. 50:3953-3955.

Paterson, D.L. e Bonomo, R.A. (2005). β-lactamases de espetro alargado: uma atualização clínica. Clin. Microbiol. Rev., 18:657-686.

Patzer, J. A.; Toleman, M. A.; Grzesik, A.; Dzierzanowska, D. e Walsh, T. R. (2005). As diversas estruturas de integrão que disseminam os genes VIM na Polónia. Clin. Microbiol. Infect. 11 (Suppl. 2):100.

Pechere, J. C. e Kohler, T. (1999). Padrões e modos de resistência aos β-lactâmicos em *Pseudomonas aeruginosa*. Clin. Microbiol. Infect.,5:15 -18.

Pena, A.; Martins, J.; Donato, A.; Leitao, R. e Cardoso, O. (2005). Ocorrência da metalo-β-lactamase VIM-2 em isolados clínicos de *Pseudomonas aeruginosa* resistentes a carbapenemes num hospital do centro de Portugal. Clin. Microbiol. Infect. 11 (Suppl. 2); 107.

Peña, C.,;Suarez, C.; Gozalo, M.; Murillas, J.; Almirante, B.; Pomar, V.; Aguilar, M.; Granados, A.; Calbo, E.; Rodríguez-Baño, J.; Rodríguez, F.; Tubau, F.; Martínez-Martínez, L. e Oliver, A. (2012). Estudo prospetivo multicêntrico do impacto da resistência aos carbapenemes na mortalidade em infecções da corrente sanguínea por *Pseudomonas aeruginosa*. Antimicrob. Agents Chemother, 56:1265-1272.

Pena, C.; Suarez, C.; Tubau, F.; Gutierrez, O.; Domingues, A.; Oliver, A.; Pujol, M. e Ariza, J. (2007). Disseminação nosocomial de *Pseudomonas aeruginosa* produtora da metalo-β-lactamase VIM-2 num hospital espanhol: implicações clínicas e epidemiológicas. Clin. Microbiol. Infect. 13;1026-1029.

Picao, R.C.; Poirel, L.; Gales, A.C. e Nordmann, P. (2009). Diversidade de β-lactamases produzidas por isolados de *Pseudomonas aeruginosa* resistentes à ceftazidima que causam infecções da corrente sanguínea no Brasil. Antimicrob. Agents Chemother, 53(9):3908-3913.

Pico, R.C.; Poirel,L.; Gales, A.C. e Nordmann, P. (2009). Identificação adicional de CTX-M-2 -lactamase de espetro alargado em *Pseudomonas aeruginosa*. Antimicrob. Agents Chemother, 53:2225 - 2226.

Pier, G. B. (2007). *Pseudomonas aeruginosa* lipopolysaccharide: a major virulence fator, initiator of inflammation and target for effective immunity. Int. J. Med. Microbiol., 297(5): 277- 295.

Pier, G.B. (1985). Doença pulmonar associada a *Pseudomonas aeruginosa* na fibrose quística: estados actuais da interação bactéria-hospedeiro .J. infect .Dis. 151: 575-580.

Pirnay, J.P.; De Vos, D.; Cochez, C.; Bilocq, F.; Pirson, J. e Struelens, M. (2003). Molecular epidemiology of *Pseudomonas aeruginosa* colonization in a burn unit: persistence of amultidrug-resistant clone andand a silver sulfadiazine-resistantclone. J. Clin. Microbiol. ,41(3):1192-1202.

Poirel, L.; Lagrutta, E.; Taylor, P.; Pham, J.; Nordmann, P. (2010). Emergência de metalo-β -lactamases produtoras de NDM-1 *Escherichia coli* multirresistente na Austrália. Antimicrob. Agents Chemother, 54: 49-146.

Poirel, L.; Rodriguez-Martinez, J.M.; Al Naiemi, N.; Debets-Ossenkopp, Y.J.e Nordmann, P. (2010b). Caracterização de DIM1, uma metalo-β-lactamase codificada por integrão de um isolado clínico de *Pseudomonas stutzeri* nos Países Baixos. Antimicrob. Agents Chemother.,54:2420-2424.

Poole, K. (2000). Resistência às fluoroquinolonas mediada por efluxo em bactérias Gram-negativas. Antimicrob. Agents Chemother, 44;2233- 2241.

Poole, K. (2001). Bombas de efluxo de múltiplos fármacos e resistência antimicrobiana em *Pseudomonas aeruginosa* e organismos relacionados. J. Mol. Microbiol.

Biotechnol., 3(2):255-264.

Poole, K. (2004). Resistência aos antibióticos β-lactâmicos. Cell. Mol. Life Sci., 61;2200-2223.

Poole, K. (2005). Resistência aos aminoglicosídeos em *Pseudomonas aeruginosa*. Antimicrob. Agents Chemother. ,49;479-487.

Poole, K. (2011). *Pseudomonas aeruginosa:* resistência ao máximo. Fronteiras em Microbio. infec. celular. Microbio.,2. (65).

Poole, K. e McKay, G.A. (2003). Aquisição de ferro e seu controlo em *Pseudomonas aeruginosa*: muitos caminhos levam a Roma. Frontiers in Biosci, 8:661- 686.

Price, R. A.; Wong, T. Y.; Sletta, H.; Valla, S. e Schiller, N. L. (2004). AlgX é uma proteína periplasmática necessária para a biossíntese de alginato em *Pseudomonas aeruginosa*. J. Bacteriol . ,186: 7369- 7377.

Quale, J.; Bratu, S.; Gupta, J.; Landman, D. (2006). Interação do sistema de efluxo, ampC e expressão de oprD na resistência aos carbapenemes de isolados clínicos de *Pseudomonas aeruginosa*. Antimicrob. Agents Chemother, 50(5):1633-1641.

Queenan, A. M. e Bush, K. (2007). Carbapenemases: as versáteis β-lactamases. Clin. Microbiol. Rev. 20(3) : 440-458.

Ramirez, M. S. e Tolmasky, M.E. (2010). Enzimas modificadoras de aminoglicosídeos. Drug Resist. Updat., 13(6):151-171.

Ranjbar, R.; Owlia, P.; Saderi, H.; Mansouri, S.; Jonaidi-Jafari, N. ;Izadi, M.; Farshad, Sh. e Arjomandzadegan, M. (2011). Characterization of *Pseudomonas aeruginosa* Strains Isolated from burned patients hospitalized in a Major Burn Center in Tehran, Iran. Ata. Medica. Iranica. 49: 675-679.

Raoust, E.; Balloy, V.; Garcia-Verdugo, I.; Touqui, L. e Ramphal, R. (2009). *Pseudomonas aeruginosa* LPS ou flagelina são suficientes para ativar a sinalização dependente de TLR em macrófagos alveolares murinos e células epiteliais das vias aéreas. PLoS., 4(10): 7259.

Rasheed, J.K.; Jay, C.; Metchock, B.; Berkowitz, F.; Weigel, L.;

Crellin, J.; Steward, C.; Hill, B.; Medeiros, A.A. e Tenover, F.C. (1997). Evolução da resistência aos β-lactâmicos de espetro alargado (SHV-8) numa estirpe de Escherichia coli durante múltiplos episódios de bacteriemia. Antimicrob. Agent. Chemother., 41:647-653.

Ratkai, C. (2011). Caracterização de isolados de *Pseudomonas aeruginosa de* importância médica. Instituto de Clin. Microbiol. Faculdade de Medicina. Universidade de Szeged.

Rayner, C. F. J, Cole, P. J. e Wilson R. (1994). The management of chronic bronchial sepsis due to bronchiectasis. Clin. Pulm. Med., 1, 348355.

Reinhardt, A.; Kohler, T.; Wood, P.; Rohner, P.; Dumas, J.L.; Ricou, B. e van Delden, C. (2007). Desenvolvimento e persistência da resistência antimicrobiana em *Pseudomonas aeruginosa*: uma observação longitudinal em pacientes com ventilação mecânica. Antimicrob. Agents Chemother, 51(4):1341-1350.

Rejiba, S.; Aubry, A.; Petitfrere, S.; Jarlier, V. e Cambau, E. (2008). Contribuição da mutação parE e do efluxo para a resistência à ciprofloxacina em isolados clínicos de *Pseudomonas aeruginosa*. J. Chemother, 20(6):749-752.

Resol, A.A. (2015). Disseminação de β-lactamases do tipo OXA entre isolados clínicos de *Pseudomonas aeruginosa* em hospitais de Najaf . Tese de Mestrado. Faculdade de Medicina. Universidade de Kufa. Iraque

Riera, E.; Gabriel, C.; Xavier, M.; Mar 'a, C.; Rosa, C. e Carlos, J. (2011). Mecanismos de resistência aos carbapenemes de *Pseudomonas aeruginosa* em Espanha: impacto na atividade do imipenem, meropenem e doripenem. J. Antimicrob. Chemother, 66(9):2022-2027.

Rnmbaugh, K. P.; Hamood, A.N. e Griswold, J.A. (1999). Análise de isolados clínicos de *Pseudomonas aeruginosa* para possíveis variações nos genes de virulência exotoxina A e exoenzimas. J. Surg . Res. 82(1):95-105.

Robicsek, A.; Strahilevitz, J.; Jacoby, G.A.; Macielag, M.; Abbanat, D.; Park, C.H.; Bush, K. e Hooper, D.C. (2006). Fluoroquinolonemodifying enzyme: a new adaptation of a common aminoglycoside acetyltransferase. Nat. Med., 12:83-88.

Rossolini, G.M. e Mantengoli, E. (2005). Tratamento e controlo de infecções graves causadas por *Pseudomonas aeruginosa* multi-resistente. Clin. Microbiol. Infect., 11:17- 32.

Ruiz J. (2003). Mechanisms of resistance to quinolones: target alterations, decreased accumulation and DNA gyrase protection. J. Antimicrob. Chemother. 51, 1109-1117.

Russell, A. D. e Chopra, I. (1990). Compreender a ação e a resistência antibacterianas. Ed. M. H. Rubinstein. Ellis Horwood, Nova Iorque.

Sacha, P.; Wieczorek, P.; Hauschild, T.; Zórawski, M.; Olszanska, D. e Tryniszewska, E. (2008). Metallo-beta-lactamases of *Pseudomonas aeruginosa*. a novel mechanism of resistance to betalactam antibiotics. Folia Histochem. Cytobiol, 46(2):137-142

Samaha-Kfoury, J.N. e Araj, G.F. (2003). Desenvolvimento recente em β-lactamases e β-lactamase de espetro alargado. Br. Med. J., 327:131209.

Sardelic, S.; Bedenic, B.; Colinon-Dupuich, C.; Orhanovic, S.; Bosnjak, Z.; Plecko, V.; Cournoyer, B e Rossolinif, G.M. (2012). Descoberta infrequente de metalo-β-lactamase VIM-2 em estirpes de *Pseudomonas aeruginosa* resistentes a carbapenem da Croácia. Antimicrob. Agents Chemother, 56(5):. 2746-2749.

Sarkozy, G. (2001). Quinolones: uma classe de agentes antimicrobianos, Vet. Med. - Checa, 46, 2001 (9-10): 257-274.

Schatz, A. e Waksman, S.A. (1944). Effect of streptomycin and other antibiotic substances upon *Mycobacterium tuberculosis* and related organisms. Exp. Biol. Med., 57(2):244-248.

Schechner, V.; Straus-Robinson, K.; Schwartz, D.; Pfeffer, I. e Tarabeia, J. (2009). Avaliação de testes baseados em PCR para a vigilância de membros da família Enterobacteriaceae resistentes a carbapenem e produtores de KPC. Clin. Microbiol. J., 47:3261- 3265.

Schopf, J. W. e Packer, B. M. (1987) . Microfósseis do início do

Arqueano (3,3 mil milhões a 3,5 mil milhões de anos) do Grupo Warrawoona, Austrália, Science, 237;70-73.

Schwartz, T.; Volkmann, H.; Kirchen, S.; Kohnen, W.; Schon-Holz, K.; Jansen, B. e Obst, U. (2006). Deteção por PCR em tempo real de *Pseudomonas aeruginosa* em águas residuais clínicas e municipais e genotipagem dos isolados resistentes à ciprofloxacina. FEMS Microbiol. Ecol., 57(1):158-167.

Shanthi, M.; Sekar, U.; Kamalanathan, A. e Sekar, B. (2014). Deteção de carbapenemase de New Delhi metallo β-lactamase-1 (NDM-1) em *Pseudomonas aeruginosa* num único centro no sul da Índia. Indian J. Med. Res., 140(4):546-50.

Singh, H.; Rathore, R.S.; Singh, S.; Cheema, P. S. (2011). Análise comparativa do isolamento cultural e do ensaio baseado em PCR para deteção de *Campylobacter jejuni* em alimentos e amostras fecais. Brazilian J. Microbio, 42: 181-186.

Slama, K. B.; Skander, G.; Ahlem, J.; Meriem, M.; Chedlia, F.; Abdellatif, B. e Maher, G. (2011). Epidemiologia de *Pseudomonas aeruginosa* na unidade de cuidados intensivos e no departamento de otorrinolaringologia de um hospital tunisino. African J. Microbio. Res., 5(19):3005-3011

Stover, C. K., Pham, X. Q., Erwin, A. L., Mizoguchi, S. D., Warrener, P., Hickey, M. J., Brinkman, F. S. L., Hufnagle, W. O., Kowalik, D. J., Lagrou, M., Garber, R. L., Goltry, L., Tolentino, E., Westbrock-Wadman, S., Yuan, Y., Brody, L. L., Coulter, S. N., Folger, K. R., Kas, A., Larbig, K., Lim, R., Smith, K., Spencer, D., Wong, G. K. S., Wu, Z., Paulsen, I. T., Reizer, J., Saier, M. H., Hancock, R. E. W., Lory, S. e Olson, M. V. (2000). Sequência completa do genoma de *Pseudomonas aeruginosa* PAO1, um agente patogénico oportunista. Nature, 406; 959-964.

Strateva, T. e Yordanov, D. (2009). *Pseudomonas aeruginosa - um* fenómeno de resistência bacteriana. J. Med. Microbiol, 58:1133-1148.

Sykes R. B. (2000). Do bolor aos medicamentos . clin. Microbial.

Infect. ;6(suppl 3):10-12.

Tam, V.H.; Kai-Tai, C.; Mark, T. L.; Amy, N. S.; Shana, K. M.; Keith, P. e Kevin, W. G. (2007). Prevalência, mecanismos e factores de risco da resistência aos carbapenemes em isolados da corrente sanguínea de *Pseudomonas aeruginosa*. Diag.Microbio. Infec. Dis., 58:309 314.

Thomas, L.C. (2007). Métodos genéticos para a deteção rápida de bactérias nosocomiais de importância médica. Faculdade de Medicina, Departamento de Medicina, Universidade de Sydney, Austrália.

Todar, K. (2004). *Pseudomonas* e bactérias relacionadas. Todar's Online Textbook of Bacteriology. Disponível online em: http : //textbookofbacteriology.net/pseudomonas. html.

Toleman, M. A.; Collin, I.; Sidorenko, S.; Cherkashyn, E.; Ivanov, D., Tishkov, V. e Walsh, T. R. (2007). Genes de metalo-β-lactamases VIM-2 encontrados em *Pseudomonas aeruginosa* e Acinetobacter spp. da Rússia e associados a integrões invulgares. Clin. Microbiol. Infect. 13(S1),S106.

Tomas, M.; Doumith, M.; Warner, M.; Turton, J.F.; Beceiro, A.; Bou, G.; Livermore, D.M. e Woodford, N. (2010). Bombas de efluxo, porina OprD, AmpC β-lactamase e multiresistência em isolados de *Pseudomonas aeruginosa* de pacientes com fibrose cística. Antimicrob. Agents Chemother, 54(5):2219-2224.

Tsai, S.S.; Huang, J.C.; Chen, S.T.; Sun, J.H. e Wang, C.C. (2009). Características da bacteremia por *Klebsiella pneumoniae* em infecções adquiridas na comunidade e infecções nosocomiais em pacientes diabéticos. Chang Gung Med. J., 33:532-539.

Ullah, F.; Malik, S.A. e Ahmed, J. (2009). Suscetibilidade antimicrobiana e prevalência de ESBL em *Pseudomonas aeruginosa* isoladas de pacientes queimados no noroeste do Paquistão. J. of the Internat. Society for Burn Inj., 35(7):1020-1025.

Vakulenko, S.B. e Mobashery, S. (2003).Versatilidade dos aminoglicosídeos e perspectivas para o seu futuro. Clin. Microbiol. Rev.,16(3) :430-450.

Vaziri, F. Peerayeh, S.N. Nejad, Q. B. Farhadian A. (2011). A prevalência de genes de enzimas modificadoras de aminoglicosídeos (aac (6')-I, aac (6')-II, ant (2")-I, aph (3")-VI) em Pseudomonas aeruginosa ;66(9):1519- 1522

Villegas, M. V.; Lolans, K.; Correa, A.; Kattan, J. N.; Lopez, J. A.; Quinn, J. P. e o Estudo Colombiano de Resistência Nosocomial

Grupo. (2007). Primeira identificação de isolados de *Pseudomonas aeruginosa* que produzem uma beta-lactamase hidrolisante de carbapenem do tipo KPC. Antimicrob. Agents Chemother. 51:1553-1555.

Vincent, J. L. (2000). Microbial resistance: lessons from the EPIC study (Resistência microbiana: lições do estudo EPIC). European Prevalence of Infection. Intensive Care Med., 26(1):38.

Walsh, C. (2003). Antibióticos: acções, origens, resistência. ASM Press, 13:3059-3060.

Walsh, F. e Rogers, T. R. (2007). Deteção da carbapenemase blaVIM-2 em *Pseudomonas aeruginosa* na Irlanda. J Antimicrob Chemother, 61,219-220.

Walsh, T.R.; Toleman, M.A.; Poirel, L. e Nordmann, P. (2005). Metallo-β - Lactamases : o silêncio antes da tempestade? Clin.Microbiol. Rev. ,18:306-325.

Walther-Rasmussen, J. e H iby, N. (2006). OXA-type carbapenemases. J. Antimicrob. Chemother, 57:373- 383.

Wan Nor Amilah, W.A.1; Noor Izani, N.J.; Ng, W.K. e Ashraful Haq, J. (2012). Um teste de rastreio simples para a deteção de *Pseudomonas aeruginosa* e *Acinetobacter* produtoras de metalo-β-lactamase num hospital de cuidados terciários. Trop. Biomed., 29(4):588-97.

Wang, J.; Zhou, J.Y.; Qu, T.T.; Shen, P.; Wei, Z.Q.; Yu, Y.S. e Li, L.J. (2010). Epidemiologia molecular e mecanismos de resistência aos carbapenemes em isolados de *Pseudomonas aeruginosa* de hospitais chineses. Int. J. Antimicrob. Agents, 3(5):486-491

Wang, P.; Chen, S.; Guo, Y.; Xiong, Z.; Hu1 ,F. e Zhu, D. (2011). Ocorrência de resultados falsos positivos para a deteção de carbapenemases em isolados de *Escherichia coli* e *Klebsiella pneumoniae* negativos para carbapenemases. PLoS.,6(10): e26356.

Wang, S.H.; Sheng, W.H.; Chang, Y.Y.; Wang, L.H.; Lin, H.C. (2003). Surto associado a cuidados de saúde devido a *Acinetobacter baumannii* resistente a pan-droga numa unidade de cuidados intensivos cirúrgicos. J. Hosp. Infect. ,53(2):97-102.

Wax, R.G.; Lewis, K.; Salyers, A.A. e Taber, H. (2008). Bacterial resistance to antimicrobials (Resistência bacteriana aos antimicrobianos). 2.ª ed. CRC Press, Taylor & Francis

Grupo.

Wolter, D. J., *et al.* (2009). Análise fenotípica e enzimática comparativa da nova variante KPC KPC-5 e das suas variantes evolutivas, KPC-2 e KPC-4. Antimicrob. Agents Chemother, 53:557-562.

Wolter, D.J.; Smith-Moland, E.; Goering, R.V.; Hanson, N.D. e Lister, P.D. (2004). Resistência a múltiplos fármacos associada à expressão de mexXY em isolados clínicos de *Pseudomonas aeruginosa* de um hospital do Texas. Diagn. Microbiol. Infect Dis., 50(1):43-50

Woodford, N., Ellington, M. J., Coelho, J. M., Turton, J. F., Ward, M. E., Brown, S., Amyes, S. G. B. & Livermore, D. M. (2006). PCR multiplex para genes que codificam carbapenemases OXA predominantes em Acinetobacter spp. Int. J. Antimicrob. Agents., 27;351-353.

Woods, D. e Vasil, M. (1994). Patogénese das infecções por *Pseudomonas aeruginosa*. Em *Pseudomonas aeruginosa* Infections and

Treatment. Baltch AL e Smith RP (eds). Marcel Dekker, NY,21 50.

Xavier, D. E.; Pic o, R. C.; Girardello, R.; Fehlberg, L. C.C.e Gales. A.C. (2010). Expressão de bombas de efluxo e sua associação com a regulação negativa da porina e produção de lactamase em *Pseudomonas aeruginosa* causadoras de infecções de corrente sanguínea no Brasil. BMC Microbio, 10:217.

Yakupogullari, Y., Poirel, L., Bernabeu, S., Kizigil, A. & Nordmann, P. (2008). Isolado de *Pseudomonas aeruginosa* multirresistente que coexpressa β-lactamase de espetro alargado PER-1 e metalo-β-lactamase VIM-2 da Turquia. J. Antimicrob. Chemother 61, 221-222.

Yamane, K.; Wachino, J.; Suzuki, S.; Shibata, N.; Kato, H.; Shibayama, K.; Kimura, K.; Kai, K.; Ishikawa, S.; Ozawa, Y.; Konda, T. e Arakawa, Y. (2007). Patogénios Gram-negativos produtores de metilase 16S rRNA, Japão. Emerg. Infect. Dis., 13(4):642-646.

Yanlk, K.; Emir, D.; Eroglu, C.; Karadag, A.; Güney, A.K. e Günaydin, M. (2013). Investigação da presença de New Delhi metallo-beta-lactamase-1 (NDM-1) por PCR em isolados gram-negativos resistentes a carbapenem. Mikrobiyol Bul. ,47(2):382-384.

Yin, X.; Hou, T.; Xu, S.; Ma, C.; Yao, Z.; Li, W. e Wei, L. (2008). Deteção de genes associados à resistência a medicamentos de *Acinetobacter baumannii resistente a* múltiplos medicamentos resistência a medicamentos microbianos, 14 (2): 145-150.

Yu, Y.-S.; Qu, T.-T.; Zhou, J.-Y.; Wang, J.; Li, H.-Y. e Walsh, T. R. (2006). Integrões contendo o gene da metalo-β-lactamase VIM-2 entre estirpes de *Pseudomonas aeruginosa* resistentes a imipenem de diferentes hospitais chineses. J. Clin. Microbiol, 44;4242-4245.

Printed by Books on Demand GmbH, Norderstedt / Germany